Kaveh Ostad-Ali-Askari
Hossein Talebmorad
Zahra Majidifar

Potrzeby inżynierii środowiska

Kaveh Ostad-Ali-Askari
Hossein Talebmorad
Zahra Majidifar

Potrzeby inżynierii środowiska

Problemy i rozwiązania

Wydawnictwo Bezkresy Wiedzy

Imprint
Any brand names and product names mentioned in this book are subject to trademark, brand or patent protection and are trademarks or registered trademarks of their respective holders. The use of brand names, product names, common names, trade names, product descriptions etc. even without a particular marking in this work is in no way to be construed to mean that such names may be regarded as unrestricted in respect of trademark and brand protection legislation and could thus be used by anyone.

Cover image: www.ingimage.com

This book is a translation from the original published under ISBN 978-620-0-53993-9.

Publisher:
Wydawnictwo Bezkresy Wiedzy
is a trademark of
Dodo Books Indian Ocean Ltd., member of the OmniScriptum S.R.L Publishing group
str. A.Russo 15, of. 61, Chisinau-2068, Republic of Moldova Europe
Printed at: see last page
ISBN: 978-620-0-81081-6

Tytuł książki:

Potrzeby, problemy i rozwiązania w zakresie inżynierii środowiska

Autorzy:

Kaveh Ostad-Ali-Askari1* , Hossein Talebmorad2 , Zahra Majidifar3

[1]Ph.D Graguated, Postdoctoral Fellowship Student, Water Engineering Department, College of Agriculture, Isfahan University of Technology, Isfahan, Iran, Postal Code : 8415683111.*

[2]MS. c. Graguated, Department of Water Engineering, College of Agriculture, Isfahan University of Technology, Isfahan, Iran, Postal Code : 8415683111.

3D Department of Agronomy and Plant Breeding, Lorestan University, Lorestan, Iran.

Korrespondencja do:
Dr. Kaveh Ostad-Ali-Askari , doktor.
Stypendium podoktoranckie Student, Wydział Inżynierii Wodnej, College of Rolnictwo, Uniwersytet Techniczny w Isfahanie, Isfahan, Iran, Kodeks pocztowy :
8415683111. Email: kaveh.oaa2000@gmail.com

BIOGRAFIA:

Dr Kaveh Ostad-Ali-Askari był nadzorowany przez prof. Mohammada Shayannejada podczas jego studiów podoktorskich na Wydziale Inżynierii Wodnej w Kolegium Rolniczym Uniwersytetu Technicznego w Isfahanie (Isfahan University of Technology) w Iranie. Kaveh opublikował dużą liczbę książek naukowych, raportów, rozdziałów, czasopism i referatów konferencyjnych. Kaveh przyczynił się do powstania ponad 400 publikacji w czasopismach, książkach, rozdziałach i raportach technicznych. Odnosił sukcesy w wielu grantach naukowych. Kaveh był członkiem rady redakcyjnej 4 czasopism ISI International i recenzentem technicznym około 10 czasopism naukowych. Posiada bogate doświadczenie dydaktyczne w zakresie: systemu modelowania wód gruntowych i hydrogeologii, nauk środowiskowych i zmian klimatycznych. Kaveh nauczał i opracował materiały dydaktyczne dla około 11 przedmiotów na różnych poziomach zaawansowania i nadzorował ponad 9 absolwentów. Kaveh współpracował z kilkoma firmami działającymi w obszarze wód gruntowych. Podczas swojej filii na American University Dubai i Canadian University Dubai, Kaveh opracował badania i prognozowanie ilości zasobów wód gruntowych przy użyciu modelu GMS w warunkach zmian klimatycznych. Ostatnio odbył wizyty naukowe w kilku hrabstwach, w szczególności w Kanadzie, Wielkiej Brytanii, Szwajcarii, Austrii, Niemczech, Chinach, Turcji i Zjednoczonych Emiratach Arabskich w celu nawiązania współpracy naukowej.

Spis treści:

Perface 7

Podziękowanie 9

Streszczenie 11

Rozdział 1: Potrzeby, problemy i rozwiązania w zakresie inżynierii środowiska naturalnego 13

Rozdział 2 : Edukacja w zakresie inżynierii środowiska w Ameryce Północnej21

Rozdział 3: Inżynieria i zarządzanie środowiskiem 30

Rozdział 4: Substancje zanieczyszczające środowisko 40

Referencje 49

Perface

Irańska Agencja Ochrony Środowiska, za pośrednictwem szeregu swoich krajowych laboratoriów badawczych, publikuje kilka stosunkowo krótkich dokumentów, które przygotowują aktualne dane na temat aktualnego stanu informacji o ocenie miejsc środowiskowych i remediacji zanieczyszczonej gleby i wód gruntowych. Wiele z tych dokumentów stało się klasyką i jest szeroko cytowanych w procedurze oceny miejsca ekologicznego i remediacji. Inne, podobnie cenione prace nie wykazały, na ile zasługują na uwagę. Przez wiele lat zbierałem te szczegóły z Laboratorium Badań Środowiskowych EPA, Laboratorium Procesów Monitorowania Środowiska i Laboratorium Inżynierii Danger Decrease, i zdarzyło mi się, że dobrze by było, gdyby udało się je uzyskać w odpowiedniej formie do szerszego zastosowania. Ten potencjał, Sourcebook Inżynierii Środowiska EPA, kończy prace i biuletyny, które koncentrują się na remediacji zanieczyszczonych gleb i wód gruntowych. Companionable capacity, EPA Environmental Evaluation Sourcebook, podsumowuje dokumenty, które koncentrują się na postępowaniu z zanieczyszczeniami i procedurze transportu oraz modelowaniu i opisywaniu i sprawdzaniu miejsc środowiskowych.

Podziękowanie

Badania te były wspierane przez Uniwersytet Technologiczny Isfahan. Dziękujemy wszystkim autorom, którzy dostarczyli wgląd i wiedzę, które bardzo pomogły w badaniach.

Inżynieria środowiska

Streszczenie

Inżynieria środowiskowa to system technologii pracy, który wykorzystuje szerokie spektrum zagadnień metodologicznych, takich jak chemia, biologia, ekologia, geologia, hydraulika, hydrologia, mikrobiologia i matematyka do tworzenia rozwiązań, które zachowają, a także zwiększą bezpieczeństwo stworzeń nawykowych i zmienią modalność warunków. Inżynieria środowiska jest podsystemem inżynierii lądowej i chemicznej. Inżynieria środowiskowa jest podejściem technologicznym i inżynieryjnym mającym na celu poprawę i utrzymanie obwodu w celu: utrzymania bezpieczeństwa antropomorficznego, utrzymania dyspozycji użytecznych ekosystemów oraz lepszego powiązania ze środowiskiem modalności siedlisk ludzkich. Inżynierowie ochrony środowiska planują objaśnienia dotyczące organizacji ścieków, kontroli zanieczyszczeń wody i powietrza, ponownego przetwarzania, usuwania odpadów i dobrobytu publicznego. Planują oni obywatelskie źródła wody i schematy postępowania ze ściekami produkcyjnymi oraz strategie projektowe mające na celu zatrzymanie chorób wodnych i odzyskanie czystości w mieście, na wsi i w strefach rozrywkowych. Oceniają programy organizacji ryzykownych odpadów, aby ocenić stopień zagrożenia, ukierunkować działania i represje oraz opracować zasady postępowania w celu powstrzymania katastrof. Wykorzystują zasady inżynierii środowiskowej, tak jak w przypadku pomiaru wpływu planowanych programów budowlanych na środowisko. Inżynierowie ochrony środowiska badają wyniki badań naukowych nad sytuacją, odnosząc się do lokalnych i uniwersalnych kwestii środowiskowych, takich jak kwaśne deszcze, globalne ocieplenie, redukcja ozonu, zanieczyszczenie wody i powietrza przez spaliny samochodowe i bazy produkcyjne.

Słowa kluczowe: Inżynieria środowiska, Zanieczyszczenia, Ścieki, Zanieczyszczenia, Woda.

Rozdział 1: Potrzeby inżynierii środowiska, problemy i rozwiązania

Ponieważ zaniepokojenie opinii publicznej problemami środowiskowymi nasiliło się, liczne uczelnie w całej ekosferze rozpoczynają programy inżynierii środowiska. Programy inżynierii środowiskowej w Iranie na poziomie postępu są uprzemysłowione od 1990 roku. W obecnym okresie istnieje dziesięć szkół wyższych, które opracowują programy inżynierii środowiska na etapie zaawansowania. Programy nauczania w zakresie inżynierii środowiskowej w prawie wszystkich irańskich szkołach wyższych są raczej przestarzałe. Ponieważ trudności związane z inżynierią środowiska stały się bardzo zróżnicowane i wieloaspektowe, konieczne jest opisanie nowatorskiego wyboru inżynierii środowiska, szczególnie w nowo powstających republikach, aby poradzić sobie z trudnościami środowiskowymi i możliwymi do utrzymania problemami związanymi z rozszerzeniem. Tak więc programy inżynierii środowiskowej irańskich szkół wyższych muszą zostać dostosowane w najbliższym czasie. Na przykład liczne sekwencje, takie jak "Zielona Chemia", "Organizacja Energii", "Regulacje środowiskowe", "Finanse środowiskowe" oraz "Moralność i postawa wobec środowiska", "Socjologia środowiskowa" i "Utrzymywalny wzrost" są zalecane w celu wzmocnienia programu wszystkich agend inżynierii środowiskowej w Iranie. Celem jest wyjaśnienie aktualnego stanu i badań instrukcji inżynierii środowiska w Iranie (Mohammad Reza Alavi Moghaddam, 2008).

"Inżynieria" może być odrębna jako złożenie, pod ograniczeniami wartości technicznych do przygotowania, projektu, budowy i procesu budowy, aparatury i schematu zysku cywilizacji (Sincero i Sincero, 1996). Inżynieria Środowiskowa jest rozgraniczona jako "ten dział inżynierii, który martwi się o obronę środowiska przed potencjalnie szkodliwymi właściwościami ruchu humanoidalnego, dbanie o antropologicznych mieszkańców przed właściwościami przeciwstawnych zagadnień środowiskowych i doskonalenie doskonałości środowiskowej oraz o kondycję i komfort humanoidalny" (Peavy i in., 1985). Inżynieria środowiskowa, która była zazwyczaj podzbiorem inżynierii lądowej i wodnej, koncentrującym się na higienie wody, miała na celu uwzględnienie wszystkich cech antropologicznej i ziemskiej organizacji wody i ścieków, wyższości powietrza, organizacji odpadów stałych i niebezpiecznych skażenia dźwięku i światła oraz gospodarki odpadami niebezpiecznymi (Bishop, 2000). Tak więc, inżynieria środowiskowa obejmuje szeroki zakres wydarzeń związanych z ekologią. Obecnie kwestie związane z ochroną środowiska dotyczą prawie wszystkich sektorów handlowych i przemysłowych i stanowią główny przedmiot zainteresowania społeczeństwa, rządów, a nawet stosunków międzynarodowych. Głównymi zagadnieniami środowiskowymi w obecnej epoce są: nieagresywna konsumpcja wody, odprowadzanie ścieków; usuwanie odpadów stałych i niebezpiecznych, zanieczyszczenie powietrza na zewnątrz i wewnątrz, organizacja zagrożeń dla środowiska oraz przewidywanie zanieczyszczeń poprzez zdrowsze, nieszkodliwe uprawy lub lepsze procedury. (EVEN, 2003). Ponieważ obawy społeczne dotyczące problemów środowiska naturalnego nasiliły się, liczne uczelnie rozpoczynają sekwencję inżynierii środowiska zarówno w krajach uprzemysłowionych, jak i wschodzących. Baza danych dydaktycznych z zakresu inżynierii środowiska w republikach uprzemysłowionych zmieniła się na tle licznych historycznych degeneracji. Na przykład w Stanach Zjednoczonych pakiet ten zatwierdził trzy kolejne fazy: Etap podstawowy (przed 1950 r.): głównie nacisk na ćwiczenia inżynierskie, stosowanie jednolitych kodów projektów i działań projektowych w starym stylu; Etap drugi: bardziej metodyczna metoda zależna, w której podkreślono ważną sympatię do zwykłych okularów; Etap trzeci: Bardziej zaokrąglona metoda sympozjum na procedury środowiskowe i projektowanie schematów środowiskowych (Biskup, 2000). Z drugiej strony, baza danych instruktażowych z zakresu inżynierii środowiska w większości szkół wyższych krajów rozwijających się jest umiarkowanie przestarzała. Konieczne jest, aby uczelnie te dostosowały swoje programy. Głównym celem jest wyjaśnienie obecnego stanu i testów nauczania inżynierii środowiska w Iranie. 2. Krótka historia zaawansowanego nauczania w Iranie Przeszłość powstania wyższych szkół akademickich w Iranie sięga 1851 r. wraz z utworzeniem "Darol-fonoon", oznaczającego szkolenie i edukację irańskich specjalistów w wielu dziedzinach dyscypliny i umiejętności. W 1928 r. pierwsze irańskie kolegium (The College of Tehran) zostało zaprojektowane przez irańskiego fizyka Mahmuda Hessaby'ego, który zbudował je w 1934 roku. Głównym założeniem utworzenia kolegium było rozpowszechnianie postępowych informacji na temat dyscyplin, umiejętności, prac i postaw (Higher Teaching, 2006; Higher teaching in Iran, 2006). Kolegium podstawowe w Iranie (Kolegium Teherańskie) kontynuowało swoje działania, zakładając sześć kolejnych umiejętności (Historia, 2006): 1) religia, 2) zwykła dyscyplina i arytmetyka, 3) praca, postawa i dyscypliny instruktorskie, 4) medycyna i jej liczne podziały, 5) prawo, wiedza polityczna i finanse, 6) inżynieria. W 1934 r. tylko 40 uczonych przyznało się do zdolności inżynierskich Kolegium Teherańskiego w dziedzinach inżynierii lądowej, mechanicznej, górniczej i elektrycznej (przeszłość UT, 2006). W międzyczasie, gdy w Iranie w 1979 r. wybuchła rebelia islamska, program nauczania w republice odszedł w jakościowych i wymiernych krokach. Dwa urzędy odpowiedzialne za zaawansowane nauczanie w Iranie to Office of Discipline, Investigation and Skill oraz Office of Fitness and Medicinal Teaching. Obecnie w ramach MSRT i MHME działają odpowiednio 54 kolegia i instytucje rozwiniętego szkolnictwa oraz 42 kolegia terapeutyczne. Ponadto Islamic Azad College; jako podstawowa ustronna szkoła wyższa w Iranie, tętni obecnie życiem w ponad 110 metropoliach w Iranie, gdzie pracuje ponad pół miliona naukowców (Teaching Scheme, 2006; Advanced Teaching, 2006; Development Teaching in Iran, 2006). 3. Ogólna ocena programów nauczania w zakresie ochrony środowiska w Iranie Obecnie przedmioty związane z ochroną środowiska przenoszą prawie wszystkie dochodowe i produkcyjne pododdziały i stanowią dominujący niepokój społeczności, administracji, a nawet globalnych krewnych. W Iranie istnieje wiele szkół wyższych, które oferują różne programy związane z dyscypliną środowiskową i inżynierią. Podobne umiejętności, uczelnie wyższe i sekcje oferują obecnie studia drugiego stopnia, licencjackie, magisterskie i doktoranckie w wielu dziedzinach związanych ze środowiskiem, które przedstawiono w tabeli 13. najwięcej uwagi poświęca się programom inżynierii środowiska, które są realizowane przez sekcje inżynieryjne.

Tabela 13. Programy instruktażowe w zakresie ochrony środowiska w Iranie*

Name of Department/ Schools/ Faculties	*Offered Degree*	*Authorized by*	*Main Universities*
Department of Civil Engineering	MSc and PhD in Environmental Engineering	MSRT	Sharif University of Technology, Amirkabir University of Technology, Tarbiat Modaress University, Iran Universty of Science and Technology, Khaje Nasir University of Technology, The University of Shiraz, Isfahan University of Technology
Faculty of Environment	MSc and PhD in Environmental Engineering, MSc in Environmental planning and Management, Msc in Environmental design	MSRT	The University of Tehran
Department of Chemical Engineering	MSc and PhD in Environmental Engineering	MSRT	Sharif University of Technology
Faculty of environmental resources	BSc and MSc in Environmental Science	MSRT	The University of Tehran, Tarbiat Modares University, Isfahan University of Technology
School of Public health	Associate Diploma, BSc, MSc and PhD in Environmental health	MHME	Tehran University of Medical Sciences, Isfahan University of Medical Sciences, Iran University of Medical Sciences

MSRT = Ministry of Science, Research and Technology (Iran)
MHME =Ministry of Health and Medical Education (Iran)
* Non-governmental Universities (Islamic Azad Universities) are not included in this list

Obecnie w Iranie nie ma klasy BS w zakresie inżynierii środowiska. Pakiet inżynierii środowiskowej na stopień zaawansowania został uprzemysłowiony w Iranie od 1990 roku. W tym okresie tylko dwie uczelnie wyższe (The College of

University, Shiraz, Iran i Tarbiat Modares University, Teheran, Iran) przedstawiły magistra inżynierii środowiska w Iranie i tylko kilku naukowców przyznało się do udziału w tych programach. Na przykład w 1990 r. tylko trzech naukowców zostało uznanych za magistrów w dziedzinie inżynierii środowiska na Uniwersytecie w Tarbiat Modares. W tym czasie egzamin na studia magisterskie z inżynierii środowiska został oddzielony od innych dziedzin inżynierii lądowej i wodnej, a samozwańczy naukowcy mieli odmienne wychowanie, takie jak inżynieria lądowa, biochemiczna i irygacyjna. Obecnie w Iranie istnieje dziesięć szkół wyższych (z wyłączeniem uczelni pozarządowych), które prowadzą sekwencje inżynierii środowiska na stopniach zaawansowania absolwentów, które są tolerancyjne dla ponad 90 głównych naukowców rocznie (tabela 14).

Tabela 14. Ilość samozwańczych naukowców do stopnia magistra inżynierii środowiska w 2007 r.*.

No.	***University***	***Department / Faculty***	***No. of student admitted***
1	Sharif University of Technology	Civil Engineering	11
2	Amirkabir University of Technology	Civil and Environmental Engineering	10
3	Tarbiat Modaress University	Civil Engineering	8
4	Iran Universty of Science and Technology	Civil Engineering	8
5	Khaje Nasir University of Technology	Civil Engineering	10
6	Shiraz Universty	Civil Engineering	5
7	The University of Tehran	Faculty of Environment	20
8	Tarbiat Moalem University	Civil Engineering	10
9	Mazandaran university	Civil Engineering	6
10	Ferdowsi University (Mashhad)	Civil Engineering	6
Total	94		

*Adopted from Guideline MSc (2007), Ministry of Science, Research and Technology.

W chwili obecnej egzamin wstępny z zakresu inżynierii środowiska jest podobny do innych dziedzin inżynierii lądowej, a więc ponad 90 procent samozwańczych naukowców ma kontekst inżynierii lądowej. Spośród dziesięciu wyżej wymienionych kolegiów, dwa z nich (Tarbiat Modaress University i The College of Teheran) posiadają bazę danych dotyczących inżynierii środowiska w Iranie. Tak więc tylko nieliczni mistrzowie nauki są tolerancyjni wobec bazy danych o doktoratach. Liczba uczelni w Iranie, które wnoszą wkład w postaci magisterium i doktoratu z inżynierii środowiska, nie jest odpowiednia w powiązaniu z uczelniami w republikach uprzemysłowionych. Na przykład, istnieje około 140 uczelni w Ameryce Północnej wkład MSc. i PhD (Bishop, 2000). Jako przykład nauczania inżynierii środowiska w Iranie, program podziału inżynierii lądowej i środowiskowej w Amirkabir University of Technology dla pakietu magisterskiego jest wyjaśniony od tej pory. 4. Nauczanie w zakresie inżynierii środowiska w Oddziale Inżynierii Lądowej i Środowiska Politechniki w Amirkabir Wydział Inżynierii Lądowej i Środowiska AUT w 2003 r. uzyskał stopień magistra inżynierii środowiska. W podobnym okresie zmieniono oznaczenie "Sekcji Inżynierii Lądowej" na "Oddział Inżynierii Lądowej i Środowiska (CEE)". Głównymi obiektami pakietu inżynierii środowiskowej w AUT są nauczanie inżynierii środowiskowej dla naukowców, którzy mają odmienne wychowanie (inżynieria lądowa, chemiczna, mechaniczna itp.) na równi z postępem. Pakiet instruktażowy MSc Inżynierii Środowiska zliczający wszystkie areny i sekwencje (główny liczący i sekwencje głosowań), możliwy do uzyskania przez oddział AUT w Europie Środkowej i Wschodniej, został przedstawiony na Rys. 11. Korzystając z tego pakietu, naukowcy mogą wybrać swoje areny kształcenia po II semestrze. Następnie naukowcy wybiorą co najmniej trzy sekwencje głosowania, za zgodą swoich menedżerów. Stypendyści studiów magisterskich z zakresu inżynierii środowiska będą zazwyczaj przewidywalni, jeśli ich ocena zostanie wystawiona w ciągu 2 lub 2,5 roku (4 lub 5 semestru) poprzez zakończenie co najmniej 30 jednostek pochwalnych oraz pracę dyplomową (6 jednostek zaliczeniowych). Nie ma dużych zmian w prospektach informacyjnych dotyczących inżynierii środowiska w AUT i innych uczelniach wyższych w Iranie. Niektóre kolegia, takie jak Sharif College of Knowledge, zastąpiły "progresywną arytmetykę" sekwencją "Przygotowanie i organizacja środowiska" dla swojego pakietu magisterskiego. Dodając, istnieje zmiana w sekwencjach głosowania obecnych w każdym oddziale, które są w większości przypadków uzależnione od wyspecjalizowanych dziedzin personelu teoretycznego. 5. Testy edukacji ekologicznej w Iranie Obecnie trudności w zakresie inżynierii środowiska stały się bardzo zróżnicowane i wieloaspektowe. W tym celu niezbędne jest opisanie nowych możliwości inżynierii środowiska w zakresie zarządzania trudnościami środowiskowymi i utrzymującymi się obawami o ekspansję, szczególnie w nowych republikach.

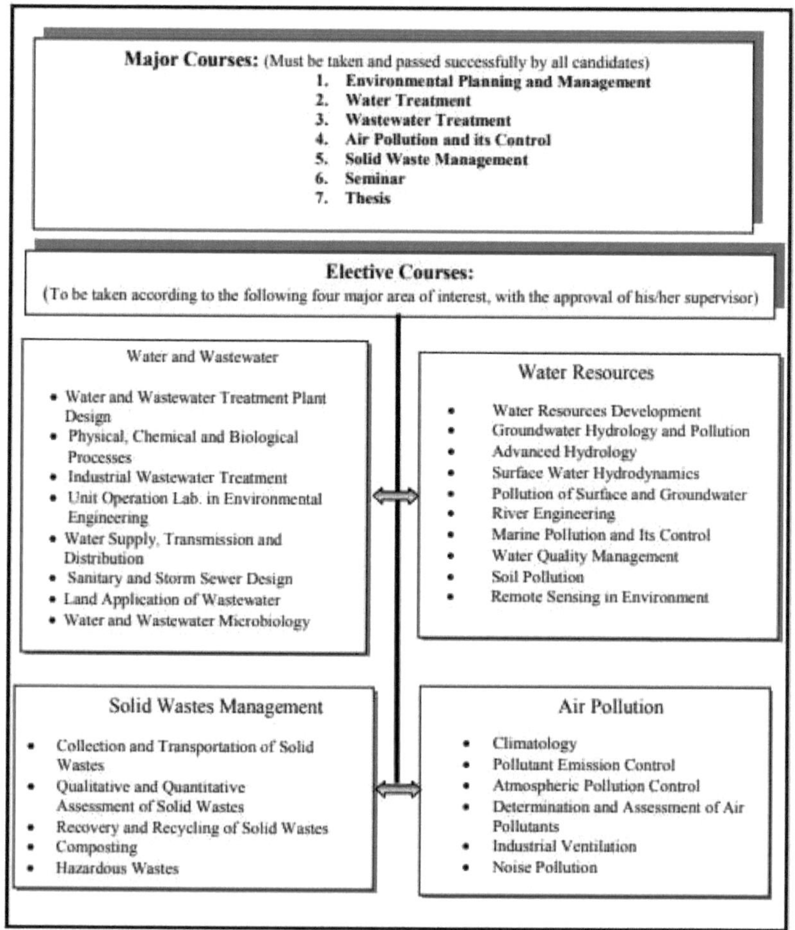

Rys. 12. Baza danych instruktażowych magistra Inżynierii Środowiska w Oddziale Inżynierii Lądowej i Środowiska (Alavi Moghadam i in., 2004; Curriculum Book, 2003)

Z drugiej strony, "wielowymiarowy krajobraz trudności środowiskowych współczesnego etapu proponuje potrzebę pracy zespołowej wśród inżynierów, wspólnych i zwykłych naukowców, ekonomistów" (Mino, 2000). Nieproporcjonalnie, dodawanie prospektów inżynierskich z dziedzinami komunalnymi, społecznymi i finansowymi nie odbywa się na żadnej z irańskich aren inżynierii. Dlatego też wszystkie uczelnie wyższe w Iranie (zwłaszcza te zajmujące się inżynierią środowiska) muszą dostosować swoje prospekty, aby osiągnąć główne, możliwe do utrzymania cele wzrostu. It is no distrust that the outdated database of environmental engineering cannot manage the multifaceted countryside of the current environmental difficulties of emerging republics. Sekcje inżynierii środowiska w irańskich kampusach powinny dostosować swój program, dodając liczne nowatorskie i multidyscyplinarne sekwencje w najbliższym czasie. Liczne sekwencje, takie jak "Zielona Chemia", "Organizacja Energetyczna", "Reguły środowiskowe", "Finanse środowiskowe" oraz "Moralność i filozofia środowiskowa", "Socjologia środowiskowa" i "Utrzymywalny wzrost" mogą być opcjonalnie dodawane do prospektu emisyjnego całego pakietu inżynierii środowiskowej jako sekwencje głosowania w Iranie. Dodając te sekwencje, wszyscy pozostali naukowcy zajmujący się inżynierią (zarówno naukowcy, jak i osoby zajmujące się postępem w nauce) mogą przypadkowo wziąć udział w tych interdyscyplinarnych sekwencjach. Prezentacja tych adresów w bazie danych dotyczących inżynierii środowiska w Iranie nie jest tak nieformalna, głównie ze względu na brak teoretycznych możliwości działania w tych multidyscyplinarnych dziedzinach. Uczelnie powinny popierać swoje działania na rzecz utrzymania wzrostu gospodarczego. Jedną z głównych aren, która może wspierać kulturę zrównoważonego rozwoju, jest "inżynieria środowiskowa". Odnosząc się do celu 65. czwartej strategii ekspansji Iranu (2005-2009), rząd powinien wprowadzić zasady dotyczące ścieżki zrównoważonego rozwoju dla wszystkich biur, uczelni i innych grup. Uczelnie będą miały przyzwoitą swobodę działania na rzecz tworzenia różnych powiązanych ze sobą aren, np. w dziedzinie inżynierii środowiska i nauki. Rząd ma nadzieję, że te działania w college'ach będą miały miejsce, przedstawiając niektóre college'e jako "Green College". Na przykład, w zależności od działań AUT w kierunku możliwej do utrzymania ekspansji, w 2003 r. uczelnia ta została zaakceptowana jako "Green College" przez Iran Office of Discipline, Investigation and Skill, a także Branch of Environment. Tak więc, AUT jako jedna z głównych uczelni praktycznych w Iranie wybrał plan "innowator zrównoważonego rozwoju w Iranie" na następny okres (Alavi Moghadam et al., 2004; Alavi Moghadam et al., 2005) Nauczanie inżynierii ekologicznej w Iranie jest na początku metody i istnieje wiele problemów, aby wskazać te dziedziny edukacji. Główne problemy są skrócone jak: 1) tani krawężnik dla tworzenia agend inżynierii środowiskowej w irańskich szkołach wyższych. 2) brak teoretycznych działań na odmiennej, nowatorskiej arenie inżynierii środowiska. 3) brak zawodów eksperckich dla byłych studentów inżynierii środowiska z powodu słabego stanowienia prawa w zakresie obrony środowiska. 4) Brak długoterminowych przygotowań do pakietu nauczania inżynierii środowiska w Iranie 5) Brak globalnej pracy zespołowej w irańskich kolegiach i republikach uprzemysłowionych 6) Problemy w autoryzowanym procesie zakładania nowatorskich aren w irańskich kolegiach. 7) Brak grupy ekspertów ds. przeglądu i oceny programów inżynierii środowiskowej w Iranie.

Pakiet inżynierii środowiskowej na poziomie absolwentów został uprzemysłowiony w Iranie od 1990 roku. W obecnym okresie w Iranie istnieje dziesięć szkół wyższych, które oferują pakiet inżynierii środowiska na poziomie absolwentów. Statystyki postępowych uczonych tej areny są melodramatycznie powiększone w ciągu ostatnich kilku lat. Program nauczania inżynierii środowiska w prawie wszystkich szkołach wyższych w Iranie jest dość stary i powinien zostać dostosowany w najbliższym czasie, aby spełnić wymagania i obawy społeczności. Istotne jest, aby opisać nową możliwość inżynierii środowiskowej w zakresie zarządzania trudnościami środowiskowymi i utrzymującymi się obawami o wzrost, szczególnie w nowych republikach. Liczne sekwencje, takie jak "Zielona Chemia", "Organizacja Energetyczna", "Regulacje dotyczące ochrony środowiska", "Finanse środowiskowe" oraz "Moralność i postawa wobec środowiska", "Socjologia środowiska" i "Utrzymywalny wzrost" mogą być opcjonalnie dodawane do prospektu emisyjnego całego pakietu inżynierii środowiska jako sekwencje głosowania w Iranie. Nauczanie inżynierii środowiskowej w Iranie jest na początku metody i istnieje wiele problemów związanych z identyfikacją tych dziedzin edukacji. Główne problemy to 1) Tani krawężnik dla tworzenia agend inżynierii środowiskowej 2) Brak pracy teoretycznej 3) Brak zawodów eksperta dla inżynierów ochrony środowiska 4) Brak długoterminowych przygotowań do pakietu inżynierii środowiskowej w Iranie. 5) Brak globalnej współpracy 6) Problemy w autoryzowanym procesie tworzenia nowych aren i 7) Brak grupy ekspertów do przeglądu i oceny programów inżynierii środowiska.

Rozdział 2 : Edukacja w zakresie inżynierii środowiska w Ameryce Północnej

Arena inżynierii środowiska rozwija się szybko, a zaprogramowane nauczanie inżynierii środowiska było obowiązkowe, aby spróbować zapisać krok. Posiadanie wszystkich tych wariantów było problematyczne dla wielu zaprogramowanych uczelni, głównie tych, które nie mają odrębnego programu inżynierii środowiska. W konsekwencji, wiele szkół wyższych zakłada różne stopnie inżynierii środowiska zaprogramowane lub nawet tworząc odrębną Sekcję Inżynierii Środowiska. Zdefiniowano w niej obecne kierunki rozwoju w Ameryce Północnej i prace, które mają na celu rozpoznanie tych zaprogramowanych kierunków. Definiuje również budowę i proces tworzenia Konotacji Wykładowców Inżynierii Środowiska i Dyscypliny, grupy w Ameryce Północnej, która jest poświęcona doskonaleniu nauczania inżynierii środowiska (P.L. Bishop, 2000).

Podłoże inżynierii środowiska rozwija się szybko, a zaprogramowane nauczanie inżynierii środowiska było obowiązkowe, aby spróbować zachować krok. Inżynieria środowiskowa, która kiedyś była zazwyczaj podzbiorem inżynierii lądowej i wodnej, koncentrującym się na higienie wody, rozwinęła się i obejmuje wszystkie cechy antropologicznej i globalnej organizacji wody i ścieków, doskonałość powietrza, zwartą i niebezpieczną organizację odpadów, zdrowe i jasne zanieczyszczenia i organizację odpadów niebezpiecznych, aby wymienić tylko kilka. Posiadanie tych wszystkich możliwości było problematyczne dla wielu zaprogramowanych uczelni, głównie tych, które nie mają odrębnego prospektu inżynierii środowiska. W konsekwencji, wiele szkół wyższych rozpoczyna odrębne studia inżynierskie z zakresu inżynierii środowiska, a nawet tworzy odrębny oddział inżynierii środowiska. Definiuje on obecne działania związane z rozszerzaniem programu w Ameryce Północnej i energię do rozpoznania tych zaprogramowanych. Określa również budowę i proces powstawania Konotacji Wykładowców Inżynierii Środowiska i Dyscypliny oraz grupy w Ameryce Północnej, która jest poświęcona doskonaleniu nauczania inżynierii środowiska. Inżynieria jest odrębna jako żądanie wiedzy i arytmetyki, dzięki którym posiadanie substancji i podstaw energii na wsi staje się wartościowe dla osób (Merriam Webster, Inc., 1999). Początkowo całe nauczanie inżynieryjne było podzielone na inżynierię "cywilną" i inżynierię "wojenną", w zależności od tego, na co kładło się nacisk. Jednak jako dokładne poprawki inżynieryjne, które zostały uprzemysłowione, często dzielą się one na nowe dziedziny inżynierii:

inżynieria mechaniczna, elektrotechnika, inżynieria chemiczna i tak dalej. Organizacja środowiska naturalnego była do niedawna obserwowana, z kilkoma wyłączeniami, jako podsekcja inżynierii lądowej i wodnej, ale inżynieria środowiskowa znajduje się obecnie na rozdrożu, gdzie wiele zaprogramowanych programów odchodzi od inżynierii lądowej i atrakcyjnych samorządowych poprawek lub stopni zaprogramowanych. Amerykańska Akademia Inżynierów Ochrony Środowiska (AAEE) opisuje inżynierię środowiskową jako "...żądanie wartości inżynieryjnych dla organizacji środowiska w celu umocnienia dobrobytu antropologicznego, obrony pomocnych ekologii obszarów wiejskich i poprawy jakości życia humanoidów w odniesieniu do środowiska". Dlatego też okres "inżynierii środowiskowej" kryje w sobie szeroki zakres działań związanych z ekologią. Początkowo inżynieria środowiskowa zajmowała się głównie rozbudową i dostarczaniem wody pitnej. Zaawansowani inżynierowie zaczęli mówić o trudnościach powodowanych przez ścieki, zrzuty powietrza i odpady stałe oraz odzyskiwać warunki biurowe i bezpieczeństwo pracowników. Tylko około 30 lat wcześniej przygotowany lęk przed odpadami trującymi i niebezpiecznymi wysuwa się na pierwszy plan. W nowych epokach coraz większy nacisk kładzie się na minimalizację ilości odpadów, ich powtórne przetwarzanie i recykling w celu zminimalizowania ilości odpadów do osiągnięcia. Żadna teoretyczna inżynieria środowiskowa nie ma do zaoferowania dochodów w nauczaniu o złożoności we wszystkich tych częściach. Tak więc, każdy zaprogramowany musi wybrać, w których strefach musi określić. Wybory te powinny być jednak zakończone ogólnym uznaniem, że inżynier ochrony środowiska nie podejmuje wysiłków w klasyfikowanym środowisku, w którym efekty w jednej średniej środowiskowej nie przesuwają się dodatkowo. Eliminacja opóźnionych zanieczyszczeń z wody przez opady lub skutki sedymentacji w produkcji błota. Środowisko wodne zostało przygotowane, ale kolejne błota muszą być składowane na wysypiskach (co może powodować zanieczyszczenie gleby lub wód gruntowych) lub niszczone, co powoduje zanieczyszczenie powietrza. Zanieczyszczenia powietrza mogą zostać oddzielone przez oczyszczenie, co powoduje, że zanieczyszczenia ponownie stają się problematyczne z zanieczyszczeniem wody. W związku z tym inżynierowie ochrony środowiska nie mogą badać tylko jednej średniej środowiskowej, ale muszą znać wpływ swoich wyborów na wszystkie inne programy. Wybory chcą być kompletne przy zastosowaniu metody all-inclusive. Każdy program akademicki musi wybrać, w jaki sposób przypisać okres edukacji do strefy polowej i do połączonych części. Prawidłowe rozwiązywanie problemów środowiskowych wymaga udziału nie tylko inżynierów ochrony środowiska, ale także inżynierów z innych dziedzin (cywilnych, chemicznych, mechanicznych i elektrycznych), jak również ekspertów (biologów, chemików, ekologów, geologów, itp.), ekonomistów, socjologów, dogmatyków i ekspertów ds. przetwórstwa.), ekonomistów, socjologów, dogmatyków i ekspertów od procesów. W większości rzeczy strona ta jest prowadzona przez inżyniera środowiskowego, ponieważ ma on kontekst, aby zrozumieć ogólny problem i rozwinąć plany, aby dotrzeć do wyjaśnienia. W związku z tym, inżynier ochrony środowiska powinien posiadać wielodyscyplinarny kontekst, jak również organizację schematu i usługi w zakresie deklaracji. Jest to bardzo istotne, jeśli chodzi o charakterystyczny program teoretyczny, przede wszystkim tak obszerny, jak inżynieria lądowa i wodna. Nauczanie inżynierii środowiska naturalnego zaprogramowane w Stanach Zjednoczonych Przykłady nauczania inżynierii środowiska naturalnego w Stanach Zjednoczonych zmieniły się w ciągu ostatnich wielu okresów (Tabela 14). Na początku 1950 r. nacisk kładziono na inżynierię powtórzeń, stosując niezłomne cyprysy projektowe i wydarzenia projektowe w starym stylu. Nacisk zmienił się wtedy na metodę bardziej zależną od wiedzy, w której podkreślano ważne współczucie dla zwykłych cudów. W nowych wiekach nastąpiła zmiana na metodę bardziej wszechstronną, polegającą na sympatyzywaniu z procedurami środowiskowymi i projektowaniem schematów środowiskowych. Nastąpiła również zmiana z przekonania, że nauczanie inżynierii ekologicznej powinno rozpoczynać się od stopnia zaawansowania, po uzyskaniu solidnej podstawy inżynierskiej w jednej z bardziej starych korekt inżynierskich, na rozbudowę konkretnej, naukowej inżynierii środowiska zaprogramowanej. Jest to nadal dość sporne w Stanach Zjednoczonych, ale więcej Bachelor of Discipline w inżynierii środowiska zaprogramowane są wielokrotnie uzupełniające każdego roku. Istnieje około 140 szkół wyższych w Ameryce Północnej wkład M.S. lub stopień doktora w inżynierii środowiska. Wiele z nich jest wybieranych jako ekologiczne stopnie inżynierskie, podczas gdy inne przekazują tytuł głównego zaprogramowanego (np. inżynieria lądowa) z ekologicznym stresem inżynierii. Spośród tych zaprogramowanych, tylko 10 jest zaliczanych do stopnia zaawansowania (patrz Tabela 2). Procedura autoryzacji zostanie oznaczona w przyszłości. Większość studentów inżynierii lądowej i wodnej zaprogramowanych w Stanach Zjednoczonych (około 220 szkół wyższych) oraz kilka innych poprawek inżynieryjnych pozwala studentom na wybór inżynierii ekologicznej, ale tylko 26 z nich oferuje wyraźnie zaznaczone stopnie naukowe w inżynierii ekologicznej. Dlatego większość szkół wyższych w Stanach Zjednoczonych nadal oferuje jedynie inżynierię ekologiczną jako wybór w ramach programu inżynierii lądowej i wodnej. Mimo to, ilość akademickich programów inżynierii ekologicznej wymagających autoryzacji z każdym rokiem szybko rośnie.

Tabela 15. Przykłady inżynierii ekologicznej

Pre-1950	Focus on engineering practice; design according to codes and traditional rote procedures; public health emphasis.
1950–1996	Focus on engineering sciences; fundamental understanding of natural phenomena and process simulations; reduced emphasis on practice, including design; breach in education/practice continuum; series of environmental engineering education conferences.
1996–?	Focus on communication, teamwork impediments to holistic evaluation and design of environmental systems, partnering and global perspective; education/practice continuum; environmental engineering education relevance conferences.

Source: ABET, 1998.

Zespół Autoryzacyjny ds. Inżynierii i Umiejętności został ukształtowany w 1933 roku, aby obiecać, że absolwenci zaprogramowanych studiów inżynierskich są wystarczająco wyposażeni, aby przybyć i kontynuować ćwiczenia inżynierskie, aby stymulować rozwój w nauczaniu inżynierii, aby inspirować nowatorskie i przełomowe metody nauczania inżynierii oraz aby klasyfikować w społeczeństwie tych, którzy spełniają określone standardy autoryzacyjne. ABET jest jedyną działalnością udokumentowaną w Stanach Zjednoczonych i Kanadzie odpowiedzialną za rozpoznawanie inżynierii zaprogramowanej. Ostatnio ABET zawarł umowy z innymi republikami, aby poznać znaczną równoważność systemów uznawania w tych republikach z potrzebami ABET. Dochody te, które absolwenci jednego z tych form są przyznawane na podstawie tych samych przywilejów i swobód kredytowych, co absolwenci drugiej formy. W tym okresie istnieją umowy z Australią, Kanadą, Hongkongiem, Irlandią, Nową Zelandią, Republiką Południowej Afryki i Zjednoczonym Królestwem. ABET jest w procedurze głównej zmiany w metodzie inżynierii zaprogramowanych są oceniane. Przez wiele okresów ocena była zależna od "metody wkładu". Wielki zwyczaj sekwencji mootowych został zakazany przez ABET jako obowiązkowy dla wszystkich uczonych. Pobiegało to do sprawiedliwie niezmiennego, nieugiętego prospektu i lewicowego niewielkiego obszaru dla pouczającej nowości. W ciągu dwóch poprzednich lat ABET zmienił procedurę autoryzacji na "metodę konsekwencji", w której każdy z osobna zaprogramowany jest do opisania swoich celów instruktażowych i obiektów oraz do udowodnienia, że jest to konferencja tych celów. Nie będzie dłuższej spójności prospektów emisyjnych wśród wszystkich szkół wyższych. Ocena ABET zaprogramowanej inżynierii będzie teraz zależała od doskonałości i prezentacji uczonych i absolwentów. To odpowiedzialność organizacji szukającej upoważnienia do udowodnienia, że jest ona konferencją swoich zaprogramowanych obiektów. Aby to zakończyć, każdy zaprogramowany inżynier musi mieć w domu: - pełne, dostępne obiekty instruktażowe, które są wiarygodne ze standardami ABET; - procedurę opartą na wymaganiach wielu wyborców programu, w której cele są zdecydowane, a czasem oceniane; - program i procedurę, która potwierdza osiągnięcie tych obiektów; oraz - schemat ciągłej oceny, który udowadnia osiągnięcie tych obiektów i wykorzystuje konsekwencje w celu odzyskania skuteczności zaprogramowanych obiektów. ABET, jako podstawa ogólnych standardów dla wszystkich zaprogramowanych inżynierów, kładzie nacisk na 11 ważnych cech, których dotyka, a które są niezbędne do tego, aby postęp był prawidłowo gotowy do próby inżynierskiej. Są one zapisane w tabeli 3. Dodając do tego, czy zaprogramowani absolwenci zachowują te cechy, procedura autoryzacji kontroluje również ułożenie sekwencji eksperckiej programu, doskonałość jego możliwości, kompetencje obiektów drugorzędnych oraz oficjalne i pieniężne zapewnienie przez kampus (AAEE, 1998). Dodając do tego ogólne zaopatrzenie dla wszystkich zaprogramowanych inżynierów, każdy zaprogramowany musi również spełniać dokładnie zaprogramowane standardy, których dotyczy korekta. Standardy zaprogramowane w zakresie inżynierii środowiska, uprzemysłowione przez AAEE, zostały zarejestrowane w Tabeli 4. Jak można zrozumieć, są one o wiele bardziej liberalne niż wszystkie standardy i są o wiele bardziej kompletne niż zaprogramowane standardy dla innych korekt. Wkrótce staną się one częścią norm zależnych od wkładu w poprzednią procedurę oceny ABET i będą wywoływały sprzeciw wśród niektórych zaprogramowanych zainteresowanych stron. Zgodnie z tymi zasadami moralnymi, wiele z nich jest prawdopodobnie jedynie prospektami. Każdy z zaprogramowanych prospektów może dać absolwentom kombinację wielu różnych możliwości. Wszyscy byli studenci powinni jednak posiadać prostą empatię wszystkich cech inżynierii środowiska, jak również dokładne podstawy odpowiednie dla wybranych części akcentowych. Tabela 5, zaawansowana przez AAEE, przedstawia wszystkie istotne części odnoszące się do każdej z nich. Tabela ta może być stosowana w powstającym prospekcie emisyjnym dla konkretnej części akcentującej. The Connotation of Environmental Engineering and Discipline Lecturers the Connotation of Environmental Engineering and Knowledge Professors rozpoczęła się w 1963 roku jako amerykańska konotacja profesorów w dziedzinie inżynierii sanitarnej. Na przestrzeni wieków, grupa widziała wiele odmian nazw (najbardziej nowa jest ta dzisiejsza; wcześniej była nazywana Konotacja Wykładowców Inżynierii Środowiska, ale Prospekt Absolwenta Programowanego musi mieć: - wiedzę na temat ważnych idei dotyczących minimalizacji odpadów i odstraszania od zanieczyszczeń; - sympatię dla części i zadań organizacji społecznych i odosobnionych administracji w organizacjach ochrony środowiska; - umiejętność rozpowszechniania informacji o schematach i procedurach ochrony środowiska, metodach demonstracji; - umiejętność przeprowadzania prób warsztatowych zachowań oraz dezaprobatę dla badania i rozumienia informacji w więcej niż jednej z udokumentowanych części, na które kładzie się nacisk w inżynierii środowiska; - umiejętność arytmetyki poprzez obliczanie różnic, prawdopodobieństwa i liczb, fizykę opartą na rachunku, chemię ogólną, wiedzę podstawową (np, geologia, klimatologia, wiedza o glebie) istotne dla zaprogramowanego kształcenia, dyscypliny organicznej (np, mikrobiologia, ekologia wodna) odnosząca się do zaprogramowanego kształcenia oraz procedura wodna odnosząca się do zaprogramowanego kształcenia; - informacje o podstawach poziomu wstępnego w kolejnych głównych częściach: źródło i majątek wodny, schematy ekologiczne, chemia środowiskowa, organizacja ścieków, organizacja odpadów stałych, organizacja odpadów niebezpiecznych, schematy wyróżniające i regulator zanieczyszczenia powietrza oraz sprawność środowiskowa i zdolność do pracy; - umiejętność progresywnych wartości i powtarzalności w co najmniej trzech z głównych części programu, zarejestrowanych kosztów ogólnych; - zdolność do osiągania celów projektu inżynierii środowiskowej poprzez zarobki z zaangażowania w projekt w połączeniu z ekspercką częścią programu; oraz - zrozumienie pojęć powtarzalności eksperckiej, takich jak uzyskiwanie, żądanie w stosunku do doskonałości procedur asortymentowych, komunikacja ze specjalistami ds. projektu i budownictwa oraz stanowisko eksperta certyfikującego i bieżącego nauczania. 2. 2. Umiejętności - Główny nurt sekwencji kształcenia w zakresie umiejętności, które są głównie projektami w ramach gratyfikacji, musi potwierdzać, że są one zdolne do przekazywania projektu poprzez atut pouczającej wiedzy kontekstowej i projektowej, lub poprzez licencję eksperta.

Tabela 16 Inżynieria środowiskowa zaprogramowana na poziomie progresywnym

University of Cincinnati	University of Oklahoma
Georgia Institute of Technology	Virginia Polytechnic Institute and State University
University of Massachusetts, Amherst	Manhattan College
New Mexico State University	University of Texas at Austin
University of North Carolina at Chapel Hill	Clemson University

Source: ABET, 1998.

Tabela 17 Podkreślenie standardów ABET

1. an ability to apply the knowledge of mathematics, science, and engineering;	7. the broad education necessary to understand the impact of engineering solutions in a global/ societal context;
2. an ability to design and conduct experiments, as well as to analyze and interpret data;	8. a recognition of the need for and an ability to engage in life-long learning;
3. an ability to design a system, component, or process to meet desired needs;	9. an ability to communicate effectively;
4. an ability to function on multidisciplinary teams;	10. a knowledge of contemporary issues; and
5. an ability to identify, formulate, and solve engineering problems;	11. an ability to use the techniques, skills, and modern engineering tools necessary for engineering practice.
6. an understanding of professional and ethical responsibility;	

Nauczanie i badania na arenie środowiskowej są postępowe dzięki książkom, sesjom, sklepom i adresom AEESP. Firma AEESP udostępniła wiele niezwykle owocnych przewodników edukacyjnych dla poszczególnych sekwencji. Członkami AEESP są często obecne sklepy wspierane przez AEEPS na głównych sesjach inżynierii środowiska. Connotation często wspiera dwie sekwencje sesji: Sesja Nauczania o Inżynierii Środowiska oraz Sesja "Investigation Wants in Environmental Engineering". Najbardziej wiarygodnym wysiłkiem jest coroczna wycieczka adresowa wybitnego naukowca w dziedzinie inżynierii środowiska. Prelegent dzwoni do około 11 szkół wyższych, dając wgląd w badania, które przywiodły go do znaczenia. W alternatywnych wiekach prelegent pochodzi z zewnątrz ze Stanów Zjednoczonych. AEESP bezpośrednio inspiruje nauczanie inżynierii środowiska w trzech zwyczajach: charytatywna propozycja doktoratu i nagrody za pracę magisterską, publikacja i rozdanie ulotki pozwalającej na bycie inżynierem środowiska So You Poverty! potencjalnym naukowcom oraz publikacja Listy Programów Postępu Inżynierii Środowiska (AEEP, 1996) i Listy Programów Naukowych Inżynierii Środowiska (AEEP, 1997). Dwie nagrody za pracę doktorską, eskortowane przez nagrody pieniężne w wysokości 1000 dolarów, są przyznawane corocznie przez Engineering Discipline, Inc. i CH2M-Hill. Dwie nagrody za pracę magisterską są przyznawane przez Montgomery Watson, Inc. i CH2M-Hill. Jednym z głównych działań AEESP jest książka pełna Lista Programów Alumna Inżynierii Środowiska, dostępna co pięć lat. Lista ta zawiera informacje o możliwościach, sekwencjach, opłatach, ocenach i udogodnieniach dla ponad 100 szkół wyższych w Ameryce Północnej. Jest to główna orientacja dla umiejętności, naukowców i absolwentów, szefów, działalności administracyjnej i biblioteki publicznej. Poniższe ogłoszenie jest przewidywalne jako tekst zależny od hipermediów, możliwy do uzyskania przez Internet. AEESP jest grupą wspierającą American School of Environmental Engineers i Global Water Connotation. Ponadto, AEESP jest drugorzędną grupą wspierającą ogólnokrajową amerykańską grupę IWA. Dodając do tego, że jest częścią jedynej i prawdziwej grupy ekspertów, członkostwo w AEESP uzyskuje kolejne bezpośrednie wsparcie: - trzy tematy rocznie biuletynu informacyjnego AEESP, w którym zapisywane są aktualne informacje na temat działalności Connotation i książek, możliwych do uzyskania lokalizacji zdolności oraz istotne wiadomości dotyczące środowiska; - roczny kalendarz członkowski, który zawiera podręcznik know-how, a także zwykłe harmonogramy wystąpień w miejscu pracy wszystkich współpracowników, statystyki telefoniczne/faksowe i przemówień komunikacyjnych; - wstęp do wszystkich książek AEESP w niewielkich ilościach; - coroczna konferencja stowarzyszenia i obiad zatrzymany na corocznej sesji Koalicji na rzecz Środowiska Wodnego; - wkład w jedną z ponad 25 grup i działań AEESP. Grupa zachowuje żywą sieć internetową, która obejmuje aktualne informacje o możliwościach uzyskania, miejscach post-doc i postępach w nauce w całej republice; harmonogramy konferencji i sesji; zbiór materiałów edukacyjnych oraz oprogramowanie do nauki, które można pobrać na dół; oraz miejsce na stronach internetowych dla naukowców z dziedziny inżynierii środowiska. Connotation jest zarządzany przez wyznaczony Zarząd, który pomaga bez wynagrodzenia. Panel składa się z dziewięciu członków, z których trzech wyznacza się każdego dnia na okres trzech lat. Panel wybiera swoje własne kierunki studiów: Lider, Lider Immoralności, Typista i Banker. AEESP jest w pewnym sensie tak le w tym sensie, że korzystanie z Konotacji jest zatwierdzane głównie przez jego członków, którzy pomagają w zarządach, które konto bezpośrednio do Panelu. Zasadniczo nie działa żaden ekspert.

Teoretyczna inżynieria środowiska zaprogramowana w Ameryce Północnej jest dość konsekwentnie organizowana w wyniku procedury autoryzacji ABET. Wiąże się to z odszkodowaniami i trudnościami. Procedura autoryzacji potwierdza doskonałość nauczania przekazywaną naukowcom i pozwala na chłodniejszą imigrację naukowców z jednego zaprogramowanego do drugiego. Zawiera ona również życzenia szefów dla dobrze wyszkolonych inżynierów ochrony środowiska, którzy są dobrze poinformowani o najważniejszych cechach areny. Istnieją różnice w doskonałości i prospekt gratis od jednego zaprogramowanego do dodatkowego, ale szef może teksturować się pewnie, jeśli inżynier, którego wynajmuje, postępował od zaliczonego zaprogramowanego. Chociaż, autoryzacja ma cichą teoretyczną nowość w historii, ponieważ warunkiem wstępnym jest posiadanie zwykłej wiedzy teoretycznej, nie ma znaczenia, co uczelnia została dołączona. Jest to dziś w procedurze zmiany, choć z powodu nowej metody wyceny skutków ABET do autoryzacji. Inżynieria środowiskowa zaprogramowane nie są bardziej hamowane, aby zasugerować zwykły program. Mogą teraz próbować z nowymi metodami instruktażowymi; jedynym warunkiem jest to, że zdrowi wykwalifikowani absolwenci inżynierii środowiska są konsekwencją. Konotacja Wykładowców Inżynierii Środowiska i Wiedzy Środowiskowej jest agresywnie skomplikowana w zagwarantowaniu, że te nowe plany edukacyjne są pozytywne.

Rozdział 3: Inżynieria i zarządzanie środowiskiem

Uznając "Próby dodatków na rzecz zrównoważonego rozwoju" za najważniejsze, sesja została zatrzymana 19e20 września 2013 r. w Wiedeńskiej Wyższej Szkole Technicznej w Austrii. Okazja ta została wstępnie zorganizowana przez Gheorghe Asachi Practical College of Ias¸ i, Rumunia (oznaczona jako Ability of Chemical Engineering and Ecological Fortification) we współpracy z Vienna College of Knowledge (oznaczona jako Organization of Chemical Engineering). Dwie uczelnie powołały do życia trzy stowarzyszenia oraz Environmental Biotechnology Piece of the European Alliance of Biotechnology i dwie rumuńskie organizacje InterMEDIU Info & Consultancy Centre, oraz Theoretical Group for Ecological Engineering and Maintainable Growth. Carmen Teodosiu z Ias¸ i i prof. Anton Friedl z Wiednia zostały otoczone przez Globalną Grupę Techniczną, której 32 członków pochodziło z 15 krajów. Han Brezet i prof. Krzysztof Urbaniec (kierownik wydawniczy tematu JCLEPRO) pomagali jako członkowie ISC i uzyskiwali swoje dokumenty jako pomoc w zaprogramowanej sesji. Zatrzymana w 2013 roku na siódmy z kolei okres, dyskusja objęła złożonych badaczy, lekarzy i autorytety w licznych arenach ekologicznych, z dużą uwagą na połączenie wiodących umiejętności ekologicznych z dobrze zorganizowaną organizacją, co przyczyniło się do utrzymania się w przyszłości. Zaprogramowana sesja została zorganizowana w dwóch pełnych spotkaniach, obejmujących pięć dokumentów programowych, ilość podobnych spotkań, w których można było uzyskać około 70 orali oraz spotkanie obrazkowe z ponad 80 zdjęciami. Podczas pełnego spotkania wstępnego, Prof. Adisa Azapagic z College of Manchester, UK, wyjaśniła związek z tą okazją w swoim wystąpieniu programowym na temat "Maintainable Manufacture and Feeding": Integracja ekologicznych, finansowych i społecznych aspektów zrównoważonego rozwoju". Programy przemysłowe mają na celu dostarczenie cywilizacji nieruchomości i urządzeń; to odzyskuje doskonałość życia, ale także potrzebuje ekologicznych własności i konsekwencji w uwolnieniach i odpadów, które są zwracane z powrotem do sytuacji. Procesy produkcyjne mogą być podtrzymywane tylko wtedy, gdy zachowana jest ich wykonalność finansowa. Dlatego też testem utrzymania wzrostu jest przetrwanie przygotowania nieruchomości i urządzeń do cywilizacji w starannie praktyczny sposób, przy jednoczesnym minimalizowaniu wpływu na sytuację w podobnym okresie. Nie jest to przy braku dochodów praca nieistotna, ponieważ wymaga działania wszystkich wykonawców komunalnych, a także administracji, produkcji i ludzi. Jednym z testów jest to, że nawet gdyby istniał ogólnoświatowy obowiązek utrzymania wzrostu gospodarczego, większość wykonawców chciałaby odkryć, jakie działania finansowe i produkcyjne można mierzyć jako możliwe do utrzymania i w jaki sposób rozwój w kierunku zrównoważonego rozwoju (Carmen Teodosiu, 2014).

mógłby być ograniczony. W celu dostarczenia precyzyjnych odpowiedzi, niezbędna jest interpretacja pewnej liczby podmiotów środowiskowych, finansowych i wspólnotowych na odpowiednie wskaźniki utrzymania wzrostu, aby wesprzeć w obliczaniu zrównoważonego rozwoju. Nie ulega wątpliwości, że racjonalne serie życiowe są niezbędne do obliczania zrównoważonego rozwoju, ponieważ pozwalają nam uzyskać pełny obraz powiązań między produkcją, działaniami antropologicznymi i sytuacją. Na przykładzie tej metody do dokumentacji i realizacji produkcji i biesiadowania, Prof. Azapagic zaproponował edukację instancyjną i okolicznościową oraz segmenty energii i żywienia. Spiros N. Agathos z Katolickiego College'u w Leuven, Belgia, przekazał część inżynierską sesji, wypowiadając się na temat "Bioprocesów w konkursie w sprzeczności z rozwijającymi się zanieczyszczeniami". Rośnie obawa o skażenie wód gruntowych i powierzchniowych przez rozwój mikro-zanieczyszczeń, które zawierają zabiegi i szczególne dobra konserwacyjne powstające głównie z rzadkich i zachowanych ścieków publicznych. Nawet przy bardzo niewielkim zainteresowaniu, niektóre z rozwijających się mikro-zanieczyszczeń mogą działać jako czynniki zakłócające gospodarkę hormonalną, które opóźniają gospodarkę hormonalną (lub schemat hormonalny) u stworzeń. Nieodpowiednio, takie zanieczyszczenia często przesączają konserwatywne przewodzenie ścieków, a także powodują powstawanie błota i fizykochemicznych metod ogólnych, takich jak ozonowanie. Dobrze wyglądającym i "zielonym" substytutem dla eliminacji i odkażania rozwijających się mikrozanieczyszczeń jest zastosowanie biokatalizatorów. Zmianę i eliminację organicznych składników substancji zaburzających gospodarkę hormonalną można osiągnąć poprzez zastosowanie monooksygenazy amoniaku i innych enzymów oksydacyjnych, takich jak cytochrom P-450. Rozwijające się mikro-zanieczyszczenia mogą być również zhańbione poprzez zastosowanie szerokiej gamy enzymów oksydacyjnych, takich jak laktazy mikologiczne i peroksydazy. Ponowne użycie takich enzymów i ich naprawialność z reaktorów i upraw może być zagwarantowana przez kontrolę zależną od nośnika lub przez tworzenie usieciowanych sum enzymów. W nowych wiekach osiągnięto znaczny postęp w zakresie dokumentowania istotnych kwestii związanych z wytwarzaniem usieciowanych sum enzymów samych laktaz lub wspólnych oksydoreduktaz, a te oryginalne biokatalizatory zostały wzmocnione poprzez zastosowanie nowych, zrównoważonych projektów i praktyk optymalizacyjnych. Na przykład, oryginalne silne biokatalizatory do eliminacji mikrozanieczyszczeń zależnych od laktazy są gotowe do zastosowania enkapsulacji za pomocą praktyk biometrycznych. Oryginalna synteza biokatalizatorów, podstaw inżynierii chemicznej i nanotechnologii wydaje się nie tylko otwierać dobrze wyglądające perspektywy dla podtrzymania działania warunków skażonych EM, ale także zwiększać wybór odpowiednich ekologicznie procedur produkcyjnych. Emmanuela G. Koukiosa z Ogólnokrajowej Wyższej Szkoły Praktycznej w Atenach, Grecja, było związane z elementem organizacyjnym sesji, ponieważ tematem było "Ecological Organization Possible of Emerging Maintainable Bio-economy Answers". Bio-gospodarka lub budżet ekologiczny jest okresem stosowanym ostatnio w celu przyspieszenia wszechstronnego zakresu możliwych żądań dyscyplin organicznych i związanych z nimi umiejętności w celu lepszej prezentacji i doskonałości upraw i obiektów w wielu arenach tanich. Szczególną cechą wartościowego i planowanego magnetyzmu biogospodarki, w szczególności jej wspierającej formy, dla strategii i decydentów, jest jej możliwy "ekologiczny" wynik w zakresie procedur, upraw i programów. Taki bio-zielenienie cieniuje dwie ścieżki: (a) ścieżka inżynierii środowiskowej, tj. usługi polegające na udzielaniu bio-odpowiedzi na konkretne trudności środowiskowe, np. prowadzenie bioodpadów, rozwój "detergentowych" bioprzemysłów, powtórne przetwarzanie składników odżywczych i kursów bioenergetycznych; oraz (b) ścieżka organizacji ekologicznej, tj. przygotowanie i zastosowanie urządzeń i podejść opartych na biologii dla zrównoważonej organizacji grup, prac bionetowych i innych zwykłych i antropogenicznych systemów biologicznych. Prof. Koukios przedstawił wrażenie ostatniej ścieżki, przedstawiając nowe znaczenie pojęcia biogospodarki w procedurze ośrodka płaskiego łączącego jego mechanizmy "bio" i "niskokosztowe". Nowe znaczenie oznacza odmiany, które mogą "wykreślić" podprogramy ośrodka poprzez liczne sytuacje rozwoju bio-ekonomicznego opętanego przez określone czynniki. Cztery charakterystyczne sytuacje można rozpoznać i nazwać ogonami: (i) produktywne doliny, (ii) przeciwieństwa przejawów, (iii) przyjazne wyżyny, oraz (iv) lądowe masy istnienia. Każda sytuacja ma swoje własne insynuacje dotyczące organizacji ekologicznej, uwarunkowane również rodzajem bio-linków ukształtowanych pomiędzy instrumentem biologicznym a jego strefą zapotrzebowania; cztery odmienne rodzaje takich relacji mogą być obrazowe. Łączna mapa 4 4 ¼ 16 największych wyborów organizacji ekologicznych każdego bio-narzędzia jest więc możliwa do zastosowania przez szefów krajowych, lokalnych lub światowych. Okoliczności, o które się pytają, to zmiana projektów zastosowań naziemnych, wykazanie fizycznych i ruchliwych prądów w biosystemach, organizacja flory mokradłowej, współczulne schematy glebowe, wielofunkcyjne działanie bio-źródeł. Jeśli chodzi o inne darowizny oferowane na pełnych lub stałych posiedzeniach, jak również na spotkaniach obrazkowych, różnorodność tematów może być wyalienowana na siedem części: - Ekologiczna kombinacja tematów organizacji i zasad, - Zanieczyszczenia ekologiczne i intensywna terapia, - Źródła wody i działania związane ze ściekami, - Organizacja odpadów w stolicach i odzyskiwanie energii, - Demonstrakcja, imitacja i optymalizacja, - Procedury i produkcja, - Biotechnologia ekologiczna (poza spotkaniami sesyjnymi ta aktualna część była omawiana w ramach dwóch obrad pobocznych, a konkretnie Ogólnego Spotkania Jednostki Biotechnologii Ekologicznej EFB oraz Konferencji Zbiórki Specjalistów EFB). Przez cały czas trwania spotkania finałowego menedżerowie i członkowie ICEEM07 odtworzyli w kolejności poprzednie sesje (http:// iceem07.iceem.eu/). Przeszłość sięga roku 2002, kiedy to pierwsza okazja została zatrzymana w Ias¸ i, w Rumunii, gdzie również przygotowano trzy kolejne wersje sesji. W 2009 r. ICEEM05 pozostał w Rumunii, ale został zatrzymany w dobrze wyglądającym miejscu w Tulcei w pobliżu delty Dunaju, a w 2011 r. ICEEM06 został przygotowany w Balatonalmádi w pobliżu jeziora Balaton na Węgrzech. Osiągnięcia ICEEM07 w głównym austriackim mieście Wiednia, do którego dołączyło 170 członków pochodzących z 32 krajów wszystkich kontynentów, można rozumieć jako potwierdzenie technicznej dorosłości i globalnego stanu zaawansowania sesji ICEEM. Każdemu członkowi sesji udało się uzyskać cały zwyczajowy wyciąg z identyfikacji sesji na dysku flash. Jak ogłoszono przed sesją, kierownictwo poprosiło o wyznaczone identyfikatory dla czasopism w poszczególnych tematach hierarchicznych globalnych kwartalników ISI oraz "Ecological Engineering and Organization Periodical", "Novel Biotechnology" i "Global Quarterly of Nonlinear Knowledge and Arithmetical Imitation", lub w opublikowanym przez Springer kwartalniku "Energy, Sustainability and Civilization". Następnie, po zakończeniu sesji, podpisano dodatkowy kontrakt, na mocy którego powieściopisarze o licznych referencjach zostali upełnomocnieni, aby uzyskać zgodę na pracę dla magazynu w Czasopiśmie Produkcji Detergentów (Carmen Teodosiu, 2014).

Precyzyjne i wiarygodne prognozy rozwoju drobnoustrojów i rozpadu z bezkształtnych ruchomych replik są niebezpieczne dla dobrego procesu i projektu wywołanych działań organicznych i organizacji remediacyjnych. W związku z tym, zbliżenie limitów stało się monotonnym testem na arenie Inżynierii Ekologicznej. Wśród głównych tematów uznawanych za przybliżone wartości graniczne, metoda standaryzacji danych modelowych jest bardzo ważna, ale często ignorowana i problematyczna w optymalizacji. Obecnie można uzyskać oryginalną i twardą, ogólnoświatową, wielostronną i całkowicie bayesowską metodę optymalizacji, która przytłacza próby związane z wieloma zmiennymi, cienkimi i czarodziejskimi informacjami, jak również bardzo nieliniowymi, nieskazitelnymi budynkami, typowo spotykanymi w Inżynierii Ekologicznej. Ta metoda optymalizacji pozwala lepiej wyczuć i wskazać przestrzeń reakcji współpracy dla wszystkich wielowymiarowych problemów, pozwalając na dobrze zorganizowane połączenie, a także bayesowskie podstawy do systematycznie przenośnych granic i bezbłędnego przewidywania niezdecydowania. Ta uniwersalna technika optymalizacji przewyższa, w relacjach poprawności i dokładności ograniczeń, normalne, rezydujące nieliniowe procedury rewersyjne i przytłacza tematy związane z wczesnym spotkaniem i przemówieniami nad dopasowaniem odmiennych zmiennych w procedurze standaryzacji. Kolejne samotne, wielocelowe i bayesowskie prace optymalizacyjne zostały uprzemysłowione do precyzyjnego i niezawodnego przybliżenia bezkształtnych, ruchomych limitów idealnych. Światowa, bezstronna metoda opisuje najlepsze na świecie (najdrobniejsze odpowiedzi współpracy) i "niebezpieczne" klucze ścisłe dla każdej zmiennej, choć światowa, wielocelowa metoda ustawia "najdrobniejsze" odpowiedzi współpracy dla bayesowskiej pogoni za radą i spotkanie jest mierzone przy zastosowaniu bezstronnych konsekwencji. Szacunkowa bayesowska metoda obliczeniowa całkowicie przekracza granice i doskonale odgaduje wątpliwości kierując odpowiedź współpracy międzyplanetarnej przed rozpoznaniem (Derek C. Manheim, 2019).

Bezkształtne ruchome repliki, takie jak dobrze znany Monod perfect, stały się rozległe na arenie Inżynierii Ekologicznej, wahając się od przełącznika zanieczyszczeń powietrza, przewodnictwa wody i ścieków oraz bioremediacji do efektywnego znakowania i parametryzowania rozwoju mikrobiologicznego w wywołanych schematach. Te repliki przygotowują stosunkowo naiwne, stosowane i połączone podstawy do prognozowania rozpadu bakterii lub zmiany składników odżywczych, substancji trujących lub produkcji i mieszaniny bio-chemikaliów poprzez różne telewizory docierające z powietrza, gleby i wody. Często, te repliki nie mają bezpiecznego teoretycznego fundamentu (jak większość z nich powstała empirycznie) i holistycznie przedstawiają komórkę, poprzez liczne składniki biokinetyczne (tj. dokładny stopień rozwoju, pół pełni ciągły), jako "składnik" enzymatyczny, który służy podobnie jak zachowanie oznaczone przez odmienne repliki enzymatyczno-kinetyczne, takie jak Michaelis-Menten (Monod) czy Hill (Moser). Niezależnie od tych nadmiernych uproszczeń, bezkształtne repliki kinetyczne niezawodnie i precyzyjnie skopiowały nowe informacje ze wszystkich wyżej wymienionych aren i opracowały podstawy dla projektów i roboczych powtórzeń organicznych działań i schematów remediacji. W celu zwiększenia ogólnej poprawności i prognostycznej przydatności bezkształtnych makiet kinetycznych opisujących zachowania organiczne w środowisku Inżynierii Ekologicznej, należy przyjąć metodę metodyczną, gdzie doskonały asortyment, przybliżenie elementów (np. dokumentacja prototypowa lub standaryzacja) oraz uwierzytelnienie prototypu są niebezpiecznymi etapami stanowiącymi podstawę tej metody. Zakłada się, że pewne wczesne informacje badawcze, wykazujące bezstronność i/lub przesłanki dotyczące procedury działania, odmiany asortymentu wzorca są podstawowym kontrastem dokładności i ścisłości wielu konstrukcji prototypowych (różniących się instrumentami definiującymi rozwój drobnoustrojów i redukcję podłoża), które są dostępne w celu określenia procedury zachowania. Konieczne jest przekazanie informacji, że w zależności od wszechstronnego celu lub bezstronności prototypu, etap ten może również obejmować budowę lub adaptację nowego lub aktualnego urządzenia do lub w ramach zarysu aktualnego prototypu w celu wyjaśnienia nowych lub odmiennych cudów. Następnie ten wczesny klasyczny proces sortowania lub zmiany, jest bardzo ważne, aby dokładnie i precyzyjnie sklasyfikować i ujednolicić ograniczenia klasyki. Etap aproksymacji komponentów ufa licznym, wzajemnie powiązanym mechanizmom: a) składniowemu badaniu współczucia, aby kontrolować, które komponenty są najpotężniejsze w produkcji klasycznej; b) najlepszemu projektowi próby, który może obejmować badanie zdolności do zastosowania i fizycznej identyfikacji; c) a także procesowi standaryzacji, który w przypadku większości replik spotykanych na arenie Inżynierii Ekologicznej zależy od światowej, a może rezydentnej, nieliniowej, monotonnej rewersji. Wreszcie, zakładając pewne informacje, które zostały wyodrębnione z pracy grupy informacyjnej, ostatnim etapem tego przepływu pracy będzie uwierzytelnienie poprawności i dokładności standaryzowanego ideału w sprzeczności z ukrytymi nowymi informacjami (tj. uwierzytelnienie krzyżowe). Spośród etapów rysowanych w tej metodycznej metodzie odzyskiwania poprawności i wiarygodności bezkształtnych reprezentacji kinetycznych, wątpliwości związane z odgadywaniem składowych i klasycznymi przewidywaniami oraz problemami wynikającymi z nieliniowego pogorszenia dla korekty wzorów często testują twierdzenia tych makiet kinetycznych w kontekście ekologicznym, co jest podkreśleniem tej uprzemysłowionej techniki. Bayesowskie metody arytmetyczne mogą sugerować wgląd w wątpliwości związane z komponentami wzorca i z samą konstrukcją komponentu (tj. defekty epistemiczne). Z ilości rozpoznanych, wewnętrznych na podeszwie, precyzyjnych i dokładnych przybliżeń składowych jest główną sprawą, która często demoralizuje prognostyczną przydatność bezkształtnych wzorców kinetycznych. Na przykład, osiągnięcie nieskorelowanych przybliżeń najwyższego, dokładnego stopnia rozwoju i półsycenia ciągłego wielu bezkształtnych wzorców kinetycznych pozostałości znanego testu. Jak przedstawiono powyżej w metodycznej metodzie zastosowania wzorca, sprawy wcześniej spotkały się z aproksymacją powtórzeń bioremediacji w konsekwencji braków w nowym projekcie, doskonałości skomponowanej informacji badawczej oraz procesu standaryzacji wzorca-danych. Proces standaryzacji pattern-info jest niebezpieczny dla uzyskania wiarygodnych przybliżeń ścisłości i często jest ignorowany, stymulując nie wypukłe optymalizacje problematyczne. Zazwyczaj problemy narastają podczas zliczania standaryzacji pattern-info: 1) nowe zestawy danych badające biodegradację zanieczyszczeń są często wielowymiarowe, skąpe i ogłuszające na terenach wiejskich; oraz 2) bezkształtne repliki kinetyczne stosowane do definiowania tych zestawów danych są niezwykle nieliniowe. W tej edukacji kładziemy nacisk na to, że wieloczynnościowe zestawy danych prowadzą jeszcze więcej badań, takich jak over fitting, gdzie jedna zmienna może być uzgodniona z większą ciężkością podczas procedury normalizacji (Derek C. Manheim, 2019).

Mylące jest to, że wiele dotychczasowych edukacji z zakresu biodegradacji zaufało deterministycznym, rezydującym nieliniowym metodom odwracania do aproksymacji składowych, ponieważ metody te zależą od sukcesji nachylenia terenu, co może wynikać z braku rys. 13. Graficzny obraz niebezpiecznych odpowiedzi (A i C) oraz język odpowiedzi kooperacyjnych (B), o których mowa w tej technice badania. Lazurowy znak w prawym symbolu oznacza planetę odpowiedzi kooperacyjnych. 1400 D.C. Manheim, R.L. Detwiler/ Methods 6 (2019) 1398-1414 badanie przestrzeni badawczej i zostają otoczone w odpowiedziach mieszkańców. W celu przewartościowania tych badań i łączenia pytań, stochastyczne, ogólnoświatowe podejścia optymalizacyjne oraz procedury ewolucyjne mogą być użyte jako zdrowe wyjaśnienie tego komponentu problematycznego zbliżenia. Procedury ewolucyjne (tj. rozwój różnic), które są skonstruowane na arbitralnym rozwoju populacji osób w zależności od ich przydatności, są dobrze znane w dziedzinie optymalizacji jako rzeczywiste i niezawodne światowe metody optymalizacji. Chociaż zapotrzebowanie na te metody na arenie bioremediacji jest raczej niekompletne, to jednak liczne nowe edukacje mają praktyczne alternatywy dla procedur ewolucyjnych, jak np. grupa podziałów, w celu zbadania dynamicznych składników związanych z biodegradacją kompleksów BTEX. Dodajmy, że wiele zestawów narzędzi zostało uprzemysłowionych w niefunkcjonowaniu dla nieliniowych składowych przybliżenia reprezentacji biologicznych, które obejmują zarówno krajowe jak i światowe kompetencje badawcze, z sekwencją AMIGO. Chociaż te zestawy narzędzi przygotowują niezawodne procedury optymalizacji, nie proponują całkowicie bayesowskiej, pozbawionej prawdopodobieństwa metody oceny składowej i wątpliwości dotyczących prognozowania wzorca. W tej technice badawczej definiujemy oryginalną i surową metodę, aby precyzyjnie i niezawodnie odgadnąć granice w ustrukturyzowanych dynamicznych replikach, zakładając, że zbiory danych z badań wieloczynnikowych zależą od kolejnego światowego, samotnego, wieloczynnikowego i całkowicie bayesowskiego procesu optymalizacji. W kolejnej jednostce (A World, multi impartial, i Bayesian optimization method to component approximation) dajemy obraz przebiegu pracy naszej metody, przedstawiamy ważne podstawy bezkształtnych dynamicznych wzorców i zbiorów danych zastosowanych dla odpowiedniego kontrastu modelowo-informacyjnego oraz przedstawiamy szczegółowy opis metod skomplikowanych dla lepszego przybliżenia komponentów. W ostatnim segmencie (The circumstance for international optimization: study technique authentication) udowadniamy wartość tej techniki badawczej poprzez powiązanie prezentacji procedur zastosowanych w tej metodzie optymalizacji z okupantem, nieliniowymi podejściami odwrotnymi (Derek C. Manheim, 2019).

Główny tok pracy dla tej techniki badawczej został szczegółowo przedstawiony na Rys. 14, który przedstawia kolejną metodę w celu lepszego przybliżenia składników, z kolejnymi trzema etapami: Faza 1) pojedyncza bezstronna, stochastyczna procedura optymalizacyjna znajduje optymalną w skali światowej (tj. najdrobniejsze wyjaśnienie współpracy) i "niebezpieczną" odpowiedź; Faza 2) wielocelowa, stochastyczna procedura optymalizacyjna dąży do uzyskania najdrobniejszej odpowiedzi współpracy, stosując konsekwencje z poprzedniego, samotnego, bezstronnego etapu w celu potwierdzenia odpowiedniego połączenia metody wielocelowej; Faza 3) Oszacowana bayesowska metoda obliczeniowa rozwija późniejszą dostawę komponentów stosując potwierdzone "najdrobniejsze" wyjaśnienie współpracy w celu uzyskania najdokładniejszego wyjaśnienia współpracy międzygalaktycznej na całym świecie. Etapy te są regulowane w intelekcie, że obecny etap powinien być potwierdzony lub zaufany do danych z poprzedniego etapu przepływu pracy (Rys. 14). Etap 2 tego przepływu pracy przygotowuje dodatkową nieuchronność, że przestrzeń wyjaśniająca kooperację została prawdziwie uchwycona (pod warunkiem, że zasadniczy brak pracy i wyniosłość), jako że dwa odmienne zarysy optymalizacyjne (samotny i wieloosobowy) spotkają się w tej samej strefie badanej planety. Chociaż początkowo trzy procedury SO i MO były praktyczne w tej metodzie, to jednak nie należy zapominać, że tylko najlepsze procedury egzekucyjne zarejestrowane na Rys. 14 są niezbędne do dobrego spotkania i przybliżenia elementów. Najbardziej niebezpieczną zmianą, jaką niesie ze sobą ten tok pracy, jest: a) lepsze znaczenie i ukierunkowanie międzyplanetarnego wyjaśnienia negocjacji w celu uniknięcia trudności w standaryzacji wielowariantowej w celu uniknięcia dopasowania różnych zmiennych oraz b) komponent bayesowski w celu odkrycia niezdecydowania o komponencie i prototypowej prognozie. W tym czasie, przestrzeń wyjaśnienia współpracy jest wybierana jako miejsce ustalenia wyjaśnień (które są umiejscowione wokół najlepszej na świecie lub najlepszej odpowiedzi na współpracę), które oznaczają zwiększone kompromisy pomiędzy odmiennymi bezstronnymi celami (Rys. 13). Najlepsza na świecie jest równa najdrobniejszej odpowiedzi kooperacyjnej z przestrzeni odpowiedzi kooperacyjnej, znajdującej się w odpowiedzi (w przestrzeni bezstronnego celu) sąsiadującej z nadir lub wierzchołkiem krzywizny ukształtowanej pomiędzy zwyczajowymi odpowiedziami kooperacyjnymi (Rys. 13). Odwrotnie, ryzykowne wyjaśnienia powstają, gdy jedna regulowana, np. uwaga na komórkę lub podłoże, jest dopasowywana w czasie, który jest odwrotny do drugiego. Niebezpieczne wyjaśnienia pojawiają się na fundamencie i na końcu krzywizny, która umożliwia zestaw wyjaśnień dotyczących współpracy (rys. 13).

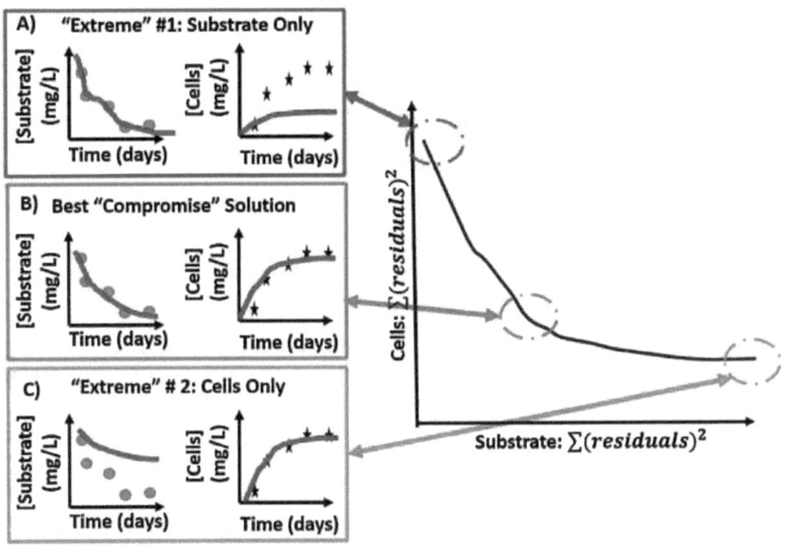

Rys.13. Graficzny obraz odpowiedzi zagrażających życiu (A i C) oraz objaśnienia współpracy (B) języka, który jest używany w tej technice badania. Ciemnoniebieska linia w atrakcyjnej prawej ręce charakteryzuje przestrzeń wyjaśnień kooperacyjnych (Derek C. Manheim, 2019).

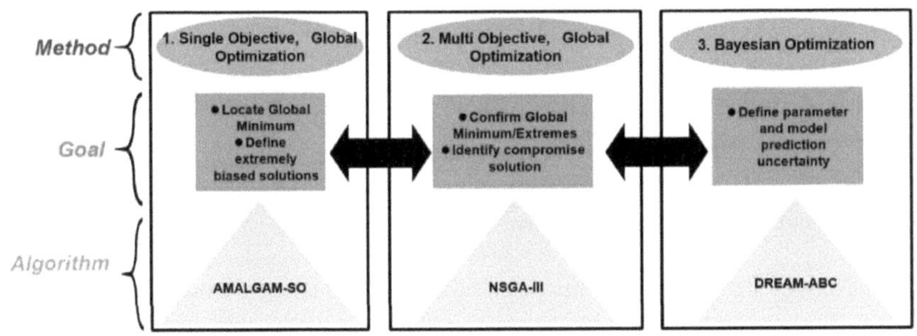

Rys. 14 Główne podejścia optymalizacyjne, cele i procedury stosowane w tej edukacji w celu zbliżenia komponentów (Derek C. Manheim, 2019).

Rozdział 4: Substancje zanieczyszczające środowisko

Ekstremalnie trujące zanieczyszczenia, np. ciężkie jony metali, fenol, trucizny i środki owadobójcze, wymodelowały główne presje na bezpieczeństwo ekologiczne i dobrobyt społeczności. Autorytatywne jest uprawianie skromnych, mało kosztownych, subtelnych i niezawodnych metod dostrzegania tych zanieczyszczeń w sytuacji. Związane z przestarzałymi metodami logicznymi, fotochemiczne wykrywanie jako podejście na nowo powstające utrzymuje trochę poszlakowy dźwięk i wysokie zrozumienie, wprowadzając nowy etap szybkiej i precyzyjnej intensywnej opieki nad zakłóconymi zanieczyszczeniami. Prezentacja progresywnych urządzeń fotoelektrochemicznych jest w zasadzie połączona z mikrostrukturą i kształtem półprzewodnikowego nanomateriału fotoelektrycznego. Tak więc w ostatnim czasie pojawiła się multidyscyplinarna praca badawcza koncentrująca się na zrównoważonym projekcie i mieszaninie zaawansowanych nanomateriałów fotoelektrycznych. Ta szeroka dziedzina przygotowuje całościową ocenę zaprojektowanych półprzewodników (tj. półprzewodników domieszkowanych) i ich połączeń heteroelektrycznych (np. połączeń półprzewodnikowych, półprzewodnikowo-węglowych, półprzewodnikowo-metalowych i wieloskładnikowych połączeń heteroelektrycznych), a także ich zastosowań w diagnostyce PEC i intensywnej terapii. Szczególną uwagę zwrócono na liczne morfologie, np. kropki kwantowe 0D (QDs) i nanocząstki (NPs), nanowiry 1D (NWs), nanorurki (NTs) i nanopręty (NRs), nanopłyty 2D (NSs) oraz kolekcje pokrewne 3D, a także ich wyposażenie na prezentacjach detekcji. Ponadto rozważane są urządzenia do odpowiedzi na znak oraz oceny prezentacji (np. współczucie, liniowa różnorodność, granica odkrywania, dyskryminacji i stałości) zbudowanych urządzeń elektrochemicznych. Na tych ostatnich planowane są niebezpieczne testy i najbliższe badania w terenie (Lei Shi, 2019 r.).

Szybki rozwój i rozwój w kilku poprzednich okresach spowodował stopniowe proste zanieczyszczenie środowiska, które wcześniej było tematem uniwersalnym. Wyczyścił on wiele różnych mieszanin chemicznych, na przykład znaczne ilości jonów metali, trucizn, środków fenolowych i owadobójczych. Te zanieczyszczenia chemiczne stały się niebezpiecznymi zagrożeniami dla bezpieczeństwa ekologii i kondycji społeczności z powodu ich wysokiej trucizny, silnej nędzy głowy i nieformalnego gromadzenia się substancji organicznych przez przewód pokarmowy. Niezwykle ważne jest, aby opracować skromne, niedrogie i niezwykle subtelne podejście do wykrywania i intensywnej opieki nad tymi trującymi zanieczyszczeniami ekologicznymi. Nieaktualna wiedza, na przykład spektrometria plazmowa z połączeniem indukcyjnym, spektrometria nuklearna, mikroskopijna spektroskopia fluorescencyjna, chromatografia cieczowa o wysokiej prezentacji w połączeniu ze spektrometrią form oraz spektrometria gazowa, są dostępne do analizy tych zanieczyszczeń chemicznych. Jednakże, takie podejście wymaga wspaniałych i luksusowych narzędzi, hodowanych procedur procesowych i szczególnie wykwalifikowanych pracowników. Ponowne opracowanie metody fotochemicznej, poprzez zaawansowane dodanie jasnej odpowiedzi z badaniem elektrochemicznym, cofnęło nową ścieżkę do pięknych badań dla biochemicznej i biologicznej intensywnej terapii. Ponieważ jasne i fotoprądu są zatrudnione jako podstawa wzbudzenia i wdzięczności, odpowiednio, urządzenie elektrochemiczne jest w stanie obniżyć dźwięk kontekstualny do realizacji zaawansowanych czułości niż konserwatywne metody. Poza tym, obsługa danych elektrycznych sprawia, że narzędzie elektrochemiczne jest proste, opłacalne i zredukowane. Te zauważalne topografie sprawiają, że urządzenia elektrochemiczne są utalentowanymi kandydatami do szybkiej i precyzyjnej intensywnej terapii wielu zanieczyszczeń. W charakterystycznym procesie fotochemicznego wykrywania, błyskotliwość zajętej elektrody, zaadaptowanej przez fotoaktywny fizyk, przekonuje grupę par elektronowo-dziurkowych (e-h) (Proces I). Wyszukanie entuzjastycznych elektronów na grupie transmisyjnej z akceptorami elektronów (A) skutkowałoby powstaniem fotoprądu katodowego (Proces II). W przeciwnym razie, zrzuty w paśmie walencyjnym (VB) przechodzą na powierzchniową, fotoelektryczną powierzchnię i są przeciwstawiane przez wkładki elektronów na granicy, pozwalając elektronom na przekazanie do przewodnika i uruchomienie fotoprądu anodowego (Proces III). W zależności od różnych zdarzeń powstawania fotoprądu na granicy, wiele grup wartości zostało skomplikowanych w wykrywaniu fotochemicznym. Na przykład, dzięki analizom pomagającym bezpośrednio jako elektronodawcy lub akceptanci, możliwe analizy fotochemiczne zostały zrozumiane poprzez skromny plan redoks. Następnie, stosując prostą reakcję biochemiczną lub organizację pomiędzy celami i zasobami fotoaktywnymi, lub pomocniczy kontakt fizykochemiczny pomiędzy celami i komponentem potwierdzającym (np. Aptamer, przeciwciało i enzym) zmienionych zasobów fotoaktywnych, numeryczne zmiany odpowiedzi w fotoprądach są eksperymentalne i stosowane dla rzeczywistej sugestii uwagi na cele.

W poprzednich, rzadkich wiekach, wykryto szybki rozwój korzyści z badań i działań w wykrywaniu fotochemicznym. Niektóre oceny koncentrowały się na licznych instrukcjach badań fotochemicznych (np. fotoelektrochemiczne biosensory DNA, fotoelektrochemiczne testy immunologiczne i fotoelektrochemiczne biosensory enzymatyczne) i ich nadziei na wymierne odkrycie różnorodnych analiz.

Mimo to, według najlepszych naszych informacji, nie udało się uzyskać istotnego wrażenia koncentrującego się na fotochemicznej intensywnej terapii zanieczyszczeń ekologicznych. Dokładnie, zauważalne jest, że wyważony projekt i mieszanka pożądanych zasobów fotoaktywnych jest mierzona jako jeden z najważniejszych etapów w celu zrozumienia owocnego badania elektrochemicznego. Nieadekwatnie, raczej niewiele z poprzednich ocen poświęciło szczególną uwagę składowi i morfologii odmian nanomateriałów fotoaktywnych w kierunku ich prezentacji fotochemicznej detekcji. W ocenie tej wstępnie przedstawiono wiele charakterystycznych sposobów projektowania półprzewodników i ich pochodnych heterozłączy. Następnie przedstawiono kompletny zarys ich nowych osiągnięć w zakresie precyzyjnej, szybkiej i delikatnej fotochemicznej intensywnej pielęgnacji zanieczyszczeń środowiska. Dla lepszego wyjaśnienia, odmienne urządzenia fotoelektronowe zostały objęte poufnością, nadając celom specjalistycznej opieki, a każdy segment jest podzielony na sekcje, zajmujące się rodzajem planu wykrywania. Zasoby fotoelektronów o różnej morfologii są zestresowane i powiązane, a ich sztuczne drogi są zamknięte, głównie techniką hydrotermiczną (HT), metodą solvo-termiczną (ST), metodą pozycjonowania elektrod, anodowania i techniki sol-gel. Na koniec prognozowane są badania i prognozy dotyczące poprzedzającej je metody PEC w zakresie monitorowania zanieczyszczeń ekologicznych. 2. Projektowanie i inżynieria heterozłączy półprzewodnikowych. Ze względu na ich zadowalający układ pasmowo-szczelinowy, łatwe do opanowania wymiary i doskonałą kompatybilność organiczną, szeroka gama półprzewodników, np. tradycyjne tlenki metali TiO2 i ZnO, mają konwencjonalnie dużą uwagę w budowie urządzeń elektrochemicznych. Jednak niewielka kompetencja w produkcji fotoelektronów, wynikająca z krótkiego początku zainteresowania, wysokiego stopnia rekombinacji e-h oraz niedopasowanej konstrukcji grupowej, znacznie opóźniła żywotność samotnego półprzewodnika. Na przykład, TiO2 z rozległym pasmem ~3,2 eV może być wyzwalany przez energię UV lub blisko-UV, który mieszka tylko ~5% energii słonecznej na ziemi. Aby omówić te niedoskonałości, różnorodność planów została wykorzystana w celu odzyskania optoelektronicznych kompetencji adaptacyjnych samotnego półprzewodnika, na przykład, poprzez ubezwłasnowolnienie heteroatomów lub uruchomienie półprzewodnikowego heterozłącza. Nobbling z dodatkowym komponentem (np.

N, Cl i Sn) jest rzeczywistym planem kontroli grup energetycznych półprzewodników. Poprzez tworzenie Ti-O-N i O-Ti-N, N ubezwłasnowolnienie w krystalicznej ramce TiO2 może wysmuklić energię otwarcia pasma, jak również ograniczyć rekombinację fotoindukowanych par e-h. Tak więc, zmiana przewagi fascynacji na gorszą energię i zaawansowana możliwość zmiany w oczywistym jasnym obszarze jest doświadczalna. Dodatkowym przykładem wyróżniającym szlachetne zasoby fotoaktywne są N szlachetnych plamek kwantowych grafenu (N-GR QDs). Chociaż nieskażony GR ma zerową szczelinę w paśmie, to dzięki kwantowemu uwięzieniu i zaletom można go efektywnie wykorzystać w GR QD. Ponieważ atom N ma podobny zakres atomowy i pięć elektronów walencyjnych odpowiednich do chemicznego wiązania z atomami węgla, jego domieszka do GR QD może radykalnie zmienić ich optoelektroniczne własności i zasugerować bardziej żywe miejsca, co skutkuje lepszym zbieraniem światła, dłuższą żywotnością transporterów odpowiedzialności i znacznie zaawansowanymi fotoprądami. Tymczasowo wykonano znaczne prace w celu wyprodukowania wielu heterojunkcji do udoskonalenia optoelektronicznych kompetencji adaptacyjnych. Zazwyczaj heterozłącza mogą być zorganizowane w cztery grupy, (i) heterozłącze półprzewodnikowo-półprzewodnikowe (S-S). TiO2/CdSe jest przykładem uwagi, na której foto-wzbudzone elektrony ukształtowane na CB CdSe profesjonalnie zaszczepiają się w CB TiO2. Trójwymiarowe rozdzielenie par e-h w granicy TiO2/CdSe opóźnia ich rekombinację. Tymczasowo, połknięcie łopat na VB CdSe przez dawców elektronów upraszcza przeniesienie elektronów z TiO2 na podłoże przewodzące, główne do grupy ulepszonego fotoprądu. Niezależnie od znanych tlenków metali lub chalkogenków, do tworzenia wielozadaniowych połączeń heteroelektronowych zastosowano także bezmetalowe zasoby fotoaktywne GR QD i węgla QD (C-QD), czy też biologiczne cząstki poli(3-heksylotiofenu) (P3HT) i perylenu -3, 4, 9, kwasu 10-tetrakarboksylowego (PTCA). Materiał węglowy zależy QD zostały narażone zdolne do poddawania się w elektronicznych i optoelektronicznych arenach, ze względu na ich wyłączne i przestrajalne własności PEC, niską truciznę, doskonałą biokompatybilność i wysoką fotostabilność. W odniesieniu do cząstek biologicznych, które posiadają imponujące właściwości półprzewodnikowe, np. duże stałe wytępienia i wysoką fotostabilność, mogą one nie tylko pochłaniać dużo światła i sugerować zastosowanie, jak to z sensybilizatorów, ale również dostarczać korzystnych zdolności procesowych do pracy domowej dobrego obrazu hetero-połączenia. (ii) heterozłącze półprzewodnikowo-węglowe (S-C), w którym węglem może być GR, oraz jego rezultaty w postaci tlenku grafenu (GO) i skondensowanego tlenku grafenu (rGO), jednościennych lub wielościennych nanorurek węglowych

(SWCNT/MWCNT) oraz aerożeli węglowych. Na przykład, dzięki doskonałej przewodności elektrycznej, większej giętkości i niezwykle dokładnej powierzchniowej, spłaszczonej (2D) planarnej części GR, jest ona doskonałym drugorzędnym nośnikiem, który może być stosowany do konsekwentnego mocowania użytecznych nanomateriałów, skutecznie rozwiązując problem przypadkowej kombinacji. GR w połączeniu hetero może zapobiec rozstaniu, ograniczyć rekombinację e-h, a także stanowić doskonałą granicę dla różnych reakcji, a następnie w dużym ruchu PEC. (iii) Połączenie heteroskopowe półprzewodnik- metal (S-M). Au nanocząstki (NPs)/TiO2 i Ag NPs/TiO2 są głęboko zakorzenionymi instancjami, na których elektrony mogą odwiedzać dłuższy czas w metalowych NPs po przekazaniu ich przez granice połączenia. Tworzenie ogrodzenia Schottky'ego może uczestniczyć jako dobrze zorganizowane oszustwo elektronów zatrzymujące rekombinację e-h. Głównie, metalowe NP z zawartością powierzchniowego rezonansu plazmonowego lub SPR są znane z poprawy absorpcji światła widzialnego. (iv) Heterozłącze wieloskładnikowe (MC). Aby jednocześnie osiągnąć lepszą odpowiedź na światło widzialne i transmisję transporterów kontrolujących, wiele heterozłączy MC zawierających żywe mechanizmy światła widzialnego i schemat transferu elektronów jest połączonych przestrzennie. Zaliczone do synergicznego wyniku CdS (wyłapywanie fotonów z zauważalnego światła), rGO (oznaczanie podziału i transmisji transportera custody) oraz ZnO nanowire arrays (NWAs) ze zwężającym się otworem grupowym (gromadzenie gorących elektronów z CdS i rGO), heterozłącze MC CdS/rGO/ZnO NWAs przedstawiło znacznie zdrowszą prezentację wykrywania PEC. Wywodzi się ona z tego, że dzięki przełomowemu projektowi i zarządzaniu zasobami fotoaktywnymi, osiągnięto znaczące zwiększenie kompetencji w zakresie zmian optoelektronicznych, co przyczyniło się do budowy wysokowydajnych czujników PEC na wiele sposobów. Dokonano przeglądu ilustrujących zasobów fotoaktywnych w ramach monitoringu PEC zanieczyszczeń ekologicznych. Przedstawiono sztuczną technikę, cel badania, asortyment liniowy i granice odkrycia w każdej sytuacji. Specyfika tego konsekwentnego wysiłku może mieć swoje źródło w przytoczonych orientacjach.

Metale ciężkie są w tej sytuacji znaczącymi i trującymi zanieczyszczeniami. Mogą one dotrzeć do żywych stworzeń przez łańcuch pokarmowy i powód rezerwy enzymów, zmniejszenie metabolizmu przeciwutleniaczy, uszkodzenia DNA i zmniejszenie sulfhydrylu białka, co prowadzi do prostych niepożądanych właściwości na kondycję humanoidalną. W związku z tym, Ecosphere Fitness Group ustanowiła surowe normy zalecanych metali ciężkich w wodzie spożywczej, takich jak 6 μg L -1 dla minerału Hg, 10 μg L -1 dla Pb, 3 μg L -1 dla Cd i 50 µg L -1 dla całego Cr. W poprzednich, rzadkich latach, znaczne energie poświęcono na budowę delikatnych urządzeń PEC do rozpoznawania ciężkich jonów metali. W tym segmencie oferowany jest metodyczny zarys odkrycia PEC o różnej wadze jonów metalicznych.

Zerowymiarowe punkty ważne (0D QDs), rozpoznawane również jako koloidalne półprzewodnikowe nanokryształy Nano, zachowują jedyne fotograficzne własności fizyczne i kontrolowane cechy optoelektroniczne. Właściwości te pozwalają na szerokie zastosowanie QD do budowy wysokowydajnych urządzeń PEC. Na przykład, zatrzymując kwas dimerkaptobursztynowy (DMSA) pokrył CdTe QD wynalezione techniką elektrolizy, Wen i in. uprzemysłowili powierzchniowe urządzenie PEC do odkrycia Hg2+ z LOD 0,3 nM. Klasa CdS+ -Hg+ ukształtowana poprzez przecenę Hg2+ na powierzchniowych QD DMSA-CdTe tłumiła powstawanie eksji, przede wszystkim do wymiernej redukcji prądu fotoelektrycznego. Konfliktowo, na 0D HgS/ZnS QD został zrozumiany sygnał PEC do delikatnego odkrycia Hg2+. W międzyczasie utworzenie heterozłącza S-S ułatwiło transporter odpowiedzialności i indorsed e-h odlot, liniowo zwiększony fotoprądu dla Hg2+ został wykryty w zakresie 0,01-10,0 µM, a LOD został określony na 4,6 nM. Te edukacje pokazują powierzchowne sposoby PEC na wykrycie Hg2+. Chociaż, w opinii o przewidywalnym zaburzeniu budowy QD, należy uznać, że ewentualny wyładunek jonów (np. Cd2+ i Zn2+) byłby głównie podrzędny w stosunku do zanieczyszczenia. Atrakcyjne kompensacje przestrajalnych własności LSPR prętów Au i Ag Nano (NR) oraz mono-dyspersyjnych arkuszy TiO2 Nano (NSs) z doświadczeniem w zakresie wysokiej dynamiki powierzchni krystalicznej, Zhang i wsp. opracowali skromne urządzenie PEC do badania Hg2+. Jak pokazano na rycinie 14, zesyntetyzowane nanopłytki TiO2 NS o regularnej szerokości ~ 10 nm wykazywały podobną do arkusza nanostrukturę, a na ich górnej i dolnej powierzchni wykryto dużą część niezwykle czułych (001) hydroplanów. Ponieważ siła fotoprądu była istotnie zależna od długości fali radioaktywności, odpowiedź fotoprądu Au@Ag NRs/TiO2 NSs przesuwała się pod długością fali od 405 do 505 nm. Za pomocą pomarańczowego plasterka Au@Ag NRs jako sensybilizatora osiągnięto większy prąd fotoprądowy przy ~ 430 nm dzięki lepiej zorganizowanemu, indukowanemu przez Plasmon, pozostawieniu odpowiedzialności. Ponieważ frekwencja Hg2+ zarezerwowała transmisję elektronów Au@Ag NRs i ilościowo skondensowała fotoprądy, przyrząd PEC wykazał liniową zmienność od 0,01 do 10 nM (LOD, 14,5 p.m.) dla odkrycia Hg2+. Ze względu na wysoce stabilną budowę heterozłącza S-M i nie pojawianie się cząstek organicznych, urządzenie to wykazało przyzwoitą odtwarzalność przy porównywalnej typowej niezgodności

1,2% (n=5) i znakomitej stałości magazynowania (98%, 3 tygodnie). Stworzone na prostych i powierzchownych połączeniach fizykochemicznych pomiędzy celami i zasobami fotoaktywnymi, te planowane urządzenia PEC osiągnęły zadowalające wyniki w oznaczaniu Hg2+. Dodając do odmiany liniowej, LOD i stałości, wybredność jest kolejnym istotnym składnikiem precyzji czujników PEC. Chociaż czujniki te wykazały dobrą wybieralność dla Hg2+ w przeciwieństwie do większości jonów publicznych, obecność Ag+ lub Cu2+ dawałaby nieistotne efekty. Aby uzyskać wiarygodne wyniki badań, należy przeprowadzić dodatkowe zabiegi w celu wyeliminowania tych inwazyjnych jonów przed badaniem PEC.

Ostatnio zarys biologicznych cząstek rozpoznawczych, tj. aptamerów, otwiera nowe perspektywy dla schematu urządzeń PEC apt z dużą dyskryminacją i współczuciem. Jako pojedyncza grupa oligonukleotydów, aptamery osiągnęły ogromne korzyści ze względu na ich wysoką specyficzność i empatię w dążeniu do wielu różnych celów, na przykład ważkich jonów metali, małych cząstek biologicznych, organicznych białek i komórek. Za pomocą aptamera Hg2+ oznaczonego tagiem CdS QDs, Ma et al. uprzemysłowili składany aptamer PEC do odkrycia Hg2+. Niezawodne z topografiami absorpcyjnymi CdS QDs, wykryto oczywiste wskazanie fotorecepcyjne przy 410 nm pod długością fali napromieniowania od 400 do 600 nm, osiadające fotoprądy zainicjowane całkowicie od wzbudzenia QDs. Po utworzeniu dupleksów tyminy Hg2+ -tyminy (T-Hg2+ - T), CdS QDs zostały dokładnie naszkicowane na powierzchni elektrody, zastępując na niej odpowiedź fotoprądu. Jak można było przewidzieć, urządzenie wykazywało wysokie współczucie (LOD, 1 pM) i znakomitą dyskryminację do Hg2+ nawet przy 200-krotnym udziale innych jonów metali (np. Zn2+, Pb2+ i Cu2+), w większości przypisywanych niezwykle dokładnej organizacji T-Hg2+ -T. W ramach dodatkowej edukacji, na heterozłączu PTCA/GO podano ultrasensywne urządzenie PEC Hg2+ apt. Dzięki lepszemu rozszczepieniu generowanych fotoprzesunięć na zauważalnym jasnym wzbudzeniu (λ > 450 nm), na heterozłączu doświadczalny był znacznie poprawiony prąd fotoprądu (~3,9 razy większy od nieskażonego PTCA), ze względu na odpowiednie układy pasmowe PTCA typu n i GO typu p. W międzyczasie dodanie Hg2+ wyburzyło kombinację poli(dT)-poli(dA), część rozwoju kwercetyna-miedź w postaci zarówno interkalacji dupleksowej, jak i dawcy elektronów do intensyfikacji znaku była wolna od powierzchniowego sprzężenia hetero, a następnie w redukcji fotoprądu. Wyposażone urządzenie kontrolowało wyjątkowo ultralekkie LOD o wartości 3,33 fM, przyzwoitą specyficzność i akceptowalne pobory (96,1-107,2%) w wodzie wodociągowej, co potwierdziło jego niezawodność np. rzeczywistego monitorowania. Dodając do wysokiej stałości przechowywania (94,7%, 4 tygodnie), brak wyraźnych pochwy fotoprądu w powtarzających się procedurach wywoływania zdjęć (12 razy), co oznacza, że to urządzenie PEC miało nadmierną możliwość w stosowanych żądaniach. Tymczasowo Li i wsp. zbudowali urządzenie PEC apt wzmocnione LSPR dla Hg2+ w zależności od heterozłącza PTCA/GR i na miejscu wykonywali Au NPs poprzez dokładną katalizację Hg2+. Ponadto, dzięki nierozwiązanym optoelektronicznym właściwościom, PTCA może być stosowane do skutecznego dyskursu problemu akumulacji GR. Tym samym, regularna granica heteropołączenia uczestniczyła jako zadowalająca stacja imigracyjna dla gorących elektronów wytwarzanych na Au NPs, w wyniku czego powstał solidny fotoprąd. To trafne urządzenie jest w stanie selektywnie zauważyć Hg2+ w serii 5-500 pM (LOD, 2 pM), i osiąga wysoką stałość zapisu (93,3%, 30 dni). W dodatkowym przypadku autowyczuwania PEC zależnego od SPR Hg2+, Shi et al. stworzyli heterozłącze MC CdSe QDs/Au@Ag NPs/MoS2 NSs dla uzyskania lepszej odpowiedzi fotoprądowej. W porównaniu z przestarzałymi półprzewodnikami z tlenku metalu, MoS2 NSs posiada zakrytą konstrukcję i cienką szczelinę pasmową (~1.9 eV) w monowarstwowym rządzie i ma niezliczoną ilość możliwych zastosowań w nano-elektronice, optoelektronice i elastycznych planach. Zaliczone do obiecującej absorpcji zbudowanego heterozłącza na długości fali 430 nm, na tej długości fali wzbudzającej uzyskano najtrwalszą i zdrową odpowiedź fotoprądu bez oczywistej różnicy w serii radioaktywności on/off (1000 s). Na wyjaśnienie wyniku synergicznego, niskie LOD (5 pM) z wyjątkową dyskryminacją i odtwarzalnością (RSD 1,87%, n = 5) został osiągnięty na gotowym urządzeniu PEC.

Dodając do wyniku SPR, wynik ekscytującego przesyłu energii (EET) wśród Au NPs oraz liczne zasoby fotoaktywne, takie jak ZnO NPs/CdS NPs/GO, CdS QDs , oraz CdS QDs/TiO2 NPs, zostały szeroko wykryte i wykorzystane do PEC apt wykrywania Hg2+. Na podstawie synergicznego efektu EET pomiędzy Au NPs i CdS QDs oraz uczulenia kopalni Rhoda 123 (Rh 123) na intensyfikację sygnału, Zhao et al. uprzemysłowili niezwykle subtelny czujnik PEC apt dla Hg2+ willpower. Wraz z rozwojem Hg2+ zakłócił EET, ulepszono fotoprądy i dodatkowo poprawiono strukturę sensytywną. Urządzenie PEC apt zaprezentowało ultralekką wartość LOD 3,3 fM z dużą różnorodnością liniową (10 fM-200 nM), doskonałą dyskryminacją i wysoką stałością magazynowania bez zrozumiałej modyfikacji fotoprądu w ciągu 2 tygodni. Zastosowanie wyników EET do produkcji, oczekiwane schematy wykrywania PEC zawierające

Au NPs i wielozadaniowe heterozłącza są niezwykle oczekiwane do monitorowania ważnych jonów metali na niskich poziomach.

Wśród licznych nano-architektur, trójwymiarowe (3D) kolekcje pokrewne zawierające jednowymiarowe (1D) nanorurki (NT), nanopręty (NR) lub nanopręty (NW) posiadają szybkie przenoszenie odpowiedzialności na osiową drogę mikroskali, co umożliwia dobrze zorganizowany podział odpowiedzialności na szerokości nanoskali. Bardzo dokładna strefa oferuje również odpowiednie żywe miejsca dla reakcji międzyfazowych i zapewnia rzeczywiste osiągnięcie wskazań. Na przykład, kolekcje nanopręcików TiO2 Nano (NRAs) wyposażone w powierzchniowy sposób HT pracowały dla PEC wykrywając Pb2+. W zależności od procedury korozji prostej (Response 1) zachodzącej na powierzchni TiO2, instrument ten został zastosowany do wykrywania Pb2+ na poziomie nanomolarnym (LOD, 2 nM). Ponadto, poprzez umiejscowienie elektrody in situ PbS NPs na kolekcji nanorurek TiO2 (NTAs), Luo et al. wynaleźli proste urządzenie PEC do badania Pb2+. W przeciwieństwie do konstrukcji nanorurek, echo nanorurek dostarczyłoby nie tylko zadowalającego mikrośrodowiska, ale również znacznie więcej wielowymiarowych przestrzeni. Tak więc, dzięki stworzeniu heterozłącza 3D S-S nauczono się zwiększonego fotoprądu i osiągnięto LOD 0,39 nM dla rozróżnienia Pb2+. Mając na uwadze przewidywane skromne zasady wykrywania, opracowano zadowalające konsekwencje badań z wykorzystaniem tych urządzeń Pb2+, rozliczając większe zasoby konstrukcji wyświetlaczy 3D w zgłoszeniach PEC.

Referencje

Planowanie środowiskowe i podejmowanie decyzji. L Ortolano - 1984 - osti.gov.

Rozwiązywanie problemów w inżynierii środowiska i geonaukach za pomocą sztucznych sieci neuronowych. FU Dowla, FJ Dowla, LL Rogers, LL Rogers - 1995 - books.google.com.

Podręcznik inżynierów ochrony środowiska. DHF Liu, BG Liptak - 1997 - taylorfrancis.com. https://doi.org/10.1201/9780367805333

Metoda podziału na strefy geologiczno-inżynierskiego środowiska górniczego z uwzględnieniem stopnia wpływu działalności górniczej na fitosanitarny poziom wodonośny. Journal of Hydrology, Volume 578, November 2019, Article 124020. Shiliang Liu, Wenping Li, Wei Qiao, Xiaoqin Li, Jianghui He.

Artykuł przeglądowy, Badanie zastosowania sztucznych sieci neuronowych do identyfikacji i kontroli w inżynierii środowiska: Biologiczne i chemiczne systemy o niepewnych modelach. Coroczny przegląd w kontroli, w prasie, poprawiony dowód, dostępny online 16 sierpnia 2019. Alexander Poznyak, Isaac Chairez, Tatyana Poznyak. https://doi.org/10.1016/j.arcontrol.2019.07.003.

Benitez, F. J., Real, F. J., Acero, J. L., Garcia, J., & Sanchez, M. (2003). Kinetics of the ozonation and aerobic biodegradation of wine vinasses in discontinuous and continuous processes. Journal of Hazardous Materials, 101(2), 203-218.

Boczkaj, G., Fernandes, A., & Makos, P. (2017). Study of different advanced oxidation processes for wastewater treatment from petroleum bitumen production at basic ph. Industrial & Engineering Chemistry Research, 56(31), 8806-8814.

Boyce, J. M., Havill, N. L., Otter, J. A., McDonald, L. C., Adams, N. M., Cooper, T., et al. (2008). Impact of hydrogen peroxide vapor room decontamination on clostridium difficile environment contamination and transmission in a healthcare setting. Infection Control & Hospital Epidemiology, 29(8), 723-729.

Bradbury, J., Merity, S., Xiong, C., & Socher, R. (2016). Quasi-prądowe sieci neuronowe. arXiv:1611.01576.

Brillas, E., & Martínez-Huitle, C. A. (2015). Decontamination of wastewaters containing synthetic organic dyes by electrochemical methods. Uaktualniony przegląd. Applied Catalysis B, 166, 603-643.

Brindha, R., Muthuselvam, P., Senthilkumar, S., & Rajaguru, P. (2018). Fe0 katalizowany proces fotofentonowy do detoksykacji biodegradowanych produktów zaprawy barwnikowej azowej 10. Chemosfera, 201, 77-95.

Buice, M. A., & Chow, C. C. (2013). Dynamic finite size effects in spiking neural networks. PLoS Computational Biology, 9(1), e1002872.

Burello, E., & Rothenberg, G. (2006). In silico design in homogeneous catalysis using descriptor modeling. International Journal of Molecular Sciences, 7(9), 375-404.

Bystrov, V., Piccirillo, C., Tobaldi, D., Castro, P., Coutinho, J., Kopyl, S., et al. (2016). Oxygen vacancies, the optical band gap (eg) and photocatalysis of hydroxyapatite: comparing modeling with measured data. Applied Catalysis B, 196, 100-107.

Cabrera, A., Poznyak, A., Poznyak, T., & Aranda, J. (2002). Identification of a fed- batch fermentation process: Porównanie eksperymentów obliczeniowych i laboratoryjnych. Bioprocess and Biosystems Engineering, 24(5), 319-327.

Camel, V., & Bermond, A. (1998). Zastosowanie ozonu i związanych z nim procesów utleniania w uzdatnianiu wody pitnej. Water Research, 32(11), 3208-3222.

de Canete, J. F., del Saz-Orozco, P., Baratti, R., Mulas, M., Ruano, A., & Garcia-Cerezo, A. (2016). Soft-sensingowa ocena stężenia ścieków w biologicznej oczyszczalni ścieków przy użyciu optymalnej sieci neuronowej. Expert Systems with Applications, 63, 8-19.

Cao, W., Wang, X., Ming, Z., & Gao, J. (2018). Recenzja o sieciach neuronowych z przypadkowymi wagami. Neurocomputing, 275, 278-287.

Carrillo-Nieves, D., Alanís, M.J.R., de la Cruz Quiroz, R., Ruiz, H.A., Iqbal, H.M., & Parra-Saldívar, R. (2019). Current status and future trends of bioethanol production from agro-industrial wastes in mexico. Renewable and Sustainable Energy Reviews, 102, 63-74.

Cerniglia, C. E. (1993). Biodegradacja wielopierścieniowych węglowodorów aromatycznych. Current Opinion in Biotechnology, 4(3), 331-338.

Chandar, S., Khapra, M. M., Larochelle, H., & Ravindran, B. (2016). Korelacyjne sieci neuronowe. Obliczenia neuronowe, 28(2), 257-285.

Chandrasekaran, M., Muralidhar, M., Krishna, C. M., & Dixit, U. (2010). Application of soft computing techniques in machining performance prediction and optimization: a literature review. The International Journal of Advanced Manufacturing Technology, 46(5-8), 445-464.

Chávez, A., Gimeno, O., Rey, A., Pliego, G., Oropesa, A., & Álvarez, P. (2019). Oczyszczanie silnie zanieczyszczonych ścieków przemysłowych za pomocą sekwencyjnego tlenowego utleniania biologicznego aopsa na bazie ozonu. Chemical Engineering Journal, 361, 89-98.

Chen, F.-C. (1990). Sieci neuronowe z propagacją wsteczną do nieliniowej samostrajającej się kontroli adaptacyjnej. IEEE Control Systems Magazine, 10(3), 44-48.

Cheng, J. (2017). Biomasa do procesów energii odnawialnej. Prasa CRC.

Cheng, L., Liu, W., Hou, Z.-G., Yu, J., & Tan, M. (2015). Neuronosieciowy, nieliniowy model sterowania predykcyjnego siłowników piezoelektrycznych. IEEE Transactions on Industrial Electronics, 62(12), 7717-7727.

Çinar, Ö., Hasar, H., & Kinaci, C. (2006). Modelowanie zanurzonego bioreaktora membranowego oczyszczającego ścieki z serwatki serowej za pomocą sztucznej sieci neuronowej. Journal of Biotechnology, 123(2), 204-209.

Ciresan, D. C., Meier, U., Masci, J., Gambardella, L. M., & Schmidhuber, J. (2011). Elastyczne, wysokiej jakości konwolucyjne sieci neuronowe do klasyfikacji obrazów. Dwudziesta druga międzynarodowa wspólna konferencja poświęcona sztucznej inteligencji.

Cong, Q., & Yu, W. (2018). Zintegrowany czujnik miękki z falową siecią neuronową i fuzją adaptacyjną ważoną w celu oszacowania jakości wody w procesie oczyszczania ścieków. Pomiar, 124, 436-446.

Cunha, D. L., de Araujo, F. G., & Marques, M. (2016). Photolysis and heterogeneous photocatalysis for removal of emerging pollutants from water. Linnaeus Eco-Tech. 187–187

Daghrir, R., Drogui, P., & Robert, D. (2013). Modified TiO2 for environmental photocatalytic applications: a review. Industrial & Engineering Chemistry Research, 52(10), 3581-3599.

De Nevers, N. (2010). Air pollution control engineering. Prasa falista. Deng, L., Yu, D., et al. (2014). Deep learning: methods and applications. Fundations and Trends® in Signal Processing, 7(3-4), 197-387.

Do Nascimento, C. A., Oliveros, E., & Braun, A. M. (1994). Modelowanie sieci neuronowych dla procesów fotochemicznych. Chemical Engineering and Processing, 33(5), 319-324.

Dochain, D., Babary, J.-P., & Tali-Maamar, N. (1992). Modelowanie i adaptacyjne sterowanie bioreaktorami o nieliniowych parametrach rozproszonych poprzez ortogonalną kolokację. Automatica, 28(5), 873-883.

Dowla, F. U., & Rogers, L. L. (1995). Solving problems in environmental engineering and geosciences with artificial neural networks. Mit Press

. Droste, R. L., & Gehr, R. L. (2018). Theory and practice of water and wastewater treatment. John Wiley & Sons.

Elman, J. L. (1993). Uczenie się i rozwój w sieciach neuronowych: Znaczenie rozpoczynania małych. Cognition, 48(1), 71-99.

Etacheri, V., Di Valentin, C., Schneider, J., Bahnemann, D., & Pillai, S. C. (2015). Widoczna aktywacja światła fotokatalizatorów TiO2: Postępy w teorii i eksperymentach. Journal of Photochemistry and Photobiology C., 25, 1-29.

Fagan, R., McCormack, D. E., Dionysiou, D. D., & Pillai, S. C. (2016). A review of solar and visible light active TiO2 photocatalysis for treating bacteria, cyanotoxins and contaminants of emerging concern. Materials Science in Semiconductor Processing, 42, 2-14.

Fatta-Kassinos, D., Vasquez, M., & Kümmerer, K. (2011). Transformacja produktów farmaceutycznych w wodach powierzchniowych i ściekach powstających podczas fotolizy i zaawansowanych procesów utleniania - degradacja, wyjaśnianie produktów ubocznych i ocena ich potencji biologicznej. Chemosfera, 85(5), 693- 709.

Fuchs, G., Boll, M., & Heider, J. (2011). Microbial degradation of aromatic compoundsâfrom one strategy to four. Nature Reviews Microbiology, 9(11), 803.

Gadhe, A., Sonawane, S. S., & Varma, M. N. (2015). Enhanced biohydrogen production from dark fermentation of complex dairy wastewater by sonolysis. International Journal of Hydrogen Energy, 40(32), 9942-9951.

Gao, J., & You, F. (2015). Optymalne projektowanie i obsługa sieci łańcucha dostaw w zakresie gospodarki wodnej przy wydobyciu gazu łupkowego: Model Milfp i algorytmy dla nexusa wodno-energetycznego. AIChE Journal, 61(4), 1184-1208.

Garcia-Becerra, F. Y., & Ortiz, I. (2018). Biodegradacja powstających organicznych mikrozanieczyszczeń w niekonwencjonalnym biologicznym oczyszczaniu ścieków: Przegląd krytyczny. Environmental Engineering Science, 35(10), 1012-1036.

Gershenson, C. (2003). Sztuczne sieci neuronowe dla początkujących. arXiv preprint arXiv:cs/0308031.

Ghosh, S., Dairkee, U. K., Chowdhury, R., & Bhattacharya, P. (2017). Wodór z odpadów z przetwórstwa spożywczego poprzez fotofermentację z wykorzystaniem fioletowych bakterii bezsiarkowych (PNSB) - przegląd. Energy Conversion and Management, 141, 299-314.

GilPavas, E., Dobrosz-Gómez, I., & Gómez-García, M. Á. (2018). Optymalizacja sekwencyjnej koagulacji chemicznej - proces elektroutleniania do oczyszczania przemysłowych ścieków tekstylnych. Journal of water process engineering, 22, 73-79.

Giwa, A., Daer, S., Ahmed, I., Marpu, P., & Hasan, S. (2016). Experimental investigation and artificial neural networks ANNs modeling of electrically-enhanced membrane bioreactor for wastewater treatment. Journal of Water Process Engineering, 11, 88-97.

Glorot, X., & Bengio, Y. (2010). Understanding the difficulty of training deep feedforward neural networks. In Proceedings of the thirteenth international conference on artificial intelligence and statistics (pp. 249-256).

Goi, A., & Trapido, M. (2004). Degradacja wielopierścieniowych węglowodorów aromatycznych w glebie: Odczynnik Fentona kontra ozonowanie. Environmental Technology, 25(2), 155-164.

Goodwin, G. C., & Mayne, D. Q. (1987). A parameter estimation perspective of continuous time model reference adapttive control. Automatica, 23(1), 57-70.

Govindaraju, R. S., & Rao, A. R. (2013). Sztuczne sieci neuronowe w hydrologii: 36. Springer Science & Business Media.

Grymonpre, D. R., Finney, W. C., & Locke, B. R. (1999). Aqueous-phase pulsed streamer corona reactor using suspended activated carbon particles for phenol oxidation: model-data comparison. Chemical Engineering Science, 54(15), 3095-3105.

Hamed, M. M., Khalafallah, M. G., & Hassanien, E. A. (2004). Prediction of wastewater treatment plant performance using artificial neural networks. Environmental Modelling & Software, 19(10), 919-928.

Han, H.-G., Zhang, L., Liu, H.-X., & Qiao, J.-F. (2018). Wielocelowy projekt sterownika sieci rozmytej sieci neuronowej dla procesu oczyszczania ścieków. Zastosowany Soft Computing, 67, 467-478.

Hang, Y., Qu, M., & Ukkusuri, S. (2011). Optymalizacja projektowania układu chłodzenia słonecznego przy użyciu centralnych technik projektowania kompozytowego. Energy and Buildings, 43(4), 988-994.

Hansch, C., & Fujita, T. (1964). p-σ - π analysis. a method for the correlation of biological activity and chemical structure. Journal of the American Chemical Society, 86(8), 1616-1626.

Ungar, L. H. (1995). 16 a bioreaktor benchmarking for adapttive net work-based process control. In Neural networks for control (pp. 387-402).

Valdramidis, V., Belaubre, N., Zuniga, R., Foster, A., Havet, M., Geeraerd, A., et al. (2005). Development of predictive modelelling approaches for surface temperature and associated microbiological inactivation during hot dry air decontamination. International Journal of Food Microbiology, 100(1-3), 261-274.

Valentinotti, S., Srinivasan, B., Holmberg, U., Bonvin, D., Cannizzaro, C., Rhiel, M., et al. (2003). Optimal operation of fed-batch fermentations via adaptive control of overflow metabolit. Control Engineering Practice, 11(6), 665-674.

Vazquez-Rodriguez, G., Youssef, C. B., & Waissman-Vilanova, J. (2006). Dwuetapowe modelowanie biodegradacji fenolu przez aklimatyzowany osad czynny. Chemical Engineering Journal, 117(3), 245-252.

Vinod, A. V., Kumar, K. A., & Reddy, G. V. (2009). Symulacja procesu biodegradacji w bioreaktorze ze złożem fluidalnym z wykorzystaniem algorytmu genetycznego przeszkolonej sieci neuronowej typu feedforward. Biochemical Engineering Journal, 46(1), 12-20.

Walczak, S. (2019). Sztuczne sieci neuronowe. In Advanced methodologies and technologies in artificial intelligence, computer simulation, and human-computer interaction (pp. 40-53).

IGI Global. Wang, T., Gao, H., & Qiu, J. (2015). Połączona adaptacyjna sieć neuronowa i nieliniowy model sterowania predykcyjnego dla wieloprzepływowej kontroli procesów przemysłowych połączonych w sieć. IEEE Transactions on Neural Networks and Learning Systems, 27(2), 416-425.

Wen, J., Li, X., Liu, W., Fang, Y., Xie, J., & Xu, Y. (2015). Podstawy fotokatalizy i modyfikacja powierzchni nanomateriałów TiO2. Chinese Journal of Catalysis, 36(12), 2049-2070.

Wert, E. C., Rosario-Ortiz, F. L., Drury, D. D., & Snyder, S. A. (2007). Formation of oxidation byproducts from ozonation of wastewater. Water Research, 41(7), 1481-1490.

Xu, L., Ren, J. S., Liu, C., & Jia, J. (2014). Deep convolutional neural network for image deconvolution. In Advances in neural information processing systems (pp. 1790-1798).

Yamanè, T., & Shimizu, S. (1984). Techniki paszowe w procesach mikrobiologicznych. W kontroli parametrów procesu biologicznego (s. 147-194). Springer.

Yang, H., & Liu, J. (2018). Metoda adaptacyjnej kontroli sieci neuronowej rbf dla klasy systemów nieliniowych. IEEE/CAA Journal of Automatica Sinica, 5(2), 457-462.

Yang, L., Si, B., Martins, M. A., Watson, J., Chu, H., Zhang, Y., et al. (2018). Improve the biodegradability of post-hydrothermal liquefaction wastewater with ozon: conversion of phenols and n-heterocyclic compounds. Water Science and Technology, 2017(1), 248-255.

Yang, S. X., Zhu, A., Yuan, G., & Meng, M. Q.-H. (2011). Bioinspirowane neurodynamiczne podejście do kontroli śledzenia robotów mobilnych. IEEE Transactions on Industrial Electronics, 59(8), 3211-3220.

Yordanov, R., Melvin, M., Law, S., Littlejohn, J., & Lamb, A. (1999). Effect of ozone pre-treatment of coloured upland water on some biological parameters of sand filters. Ozon, 21(6), 615-628.

Yoshida, H., Miyashita, Y., & Sasaki, S.-i. (1996). Modelowanie halometanów przy użyciu sieci neuronowych. Chemometrics and Intelligent Laboratory Systems, 32(2), 193-199.

Młody, P. (1998). Modelowanie mechanistyczne oparte na danych systemów środowiskowych, ekologicznych, ekonomicznych i inżynieryjnych. Modelowanie środowiskowe i oprogramowanie, 13(2), 105-122.

Zainab, R., Vijayaraghavalu, S., Prasad, H. K., & Kumar, M. (2019). Oczyszczanie i recykling ścieków z przemysłu mleczarskiego. In R. Singh, & R. Singh (Eds.), Advances in Biological Treatment of Industrial Wasteewater and their Recycling for a Sustainable Future. Stosowane nauki środowiskowe i inżynieria dla zrównoważonej przyszłości. Singapur: Springer.

Zhao, Z., Lou, Y., Chen, Y., Lin, H., Li, R. i Yu, G. (2019). Prediction of interfacial interactions related with membrane fouling in a membrane bioreactor based on radial basis function artificial neural network (ANN). Technologia zasobów biologicznych.

Zheng, S., Jayasumana, S., Romera-Paredes, B., Vineet, V., Su, Z., Du, D., et al. (2015). Warunkowe pola losowe jako rekurencyjne sieci neuronowe. In Proceedings of the ieee international conference on computer vision (pp. 1529-1537).

Zhou, Y., Li, G., Dong, J., Xing, X.-h., Dai, J., & Zhang, C. (2018). Miya, an efficient machinee-learning workflow in conjunction with the yeastfab assembly strategy for combinatorial optimization of heterologous metabolic pathways in saccharomyces cerevisiae. Metabolic Engineering, 47, 294-302.

Zielinska, ´ B., Grzechulska, J., Kalenczuk, ´ R. J., & Morawski, A. W. (2003). The pH influence on photocatalytic decomposition of organic colours over a11 and p25 titanium dioxide. Applied Catalysis B, 45(4), 293-300.

Zou, J., Han, Y., & So, S.-S. (2008). Przegląd sztucznych sieci neuronowych. W Sztucznych Sieciach Neuronowych (s. 14-22). Springer.

Shiliang Liu, Wenping Li . 2019. Analiza wrażliwości wskaźników dla geologicznych wzorców inżynieryjno-środowiskowych spowodowanych przez podziemne wydobycie węgla z integracją teorii zmiennej masy i ulepszonym modelem wydłużenia materii. Science of the Total Environment, Tom 686, 10 października 2019, str. 606-618.

Xiaodan Chen, Hao Wang, Husam Najm, Giri Venkiteela, John Hencken. 2019. Ocena właściwości inżynieryjnych i wpływu na środowisko przepuszczalnego betonu z popiołem lotnym i żużlem. Journal of Cleaner Production, Volume 237, 10 November 2019, Article 117714.

Bestami Özkaya, Anna H. Kaksonen, Erkan Sahinkaya, Jaakko A. Puhakka. 2019.bioreaktor ze złożem fluidalnym dla wielu rozwiązań inżynierii środowiska. Water Research, Volume 150, 1 March 2019, Pages 452-465.

Anna H.Kaksonen, Erkan Sahinkaya, Jaakko A.Puhakka,. 2018.bioreaktor ze złożem fluidalnym dla wielu rozwiązań inżynierii środowiska. Bestami Özkaya, https://doi.org/10.1016/j.watres.2018.11.061. Badania nad wodą. Tom 150, 1 marca 2019, strony 452-465.

Baotong Zhu, Yingying Chen, Na Wei.2019.Inżynieria materiałów biokatalitycznych i biosorpcyjnych do zastosowań środowiskowych. Trendy w biotechnologii, tom 37, wydanie 6, czerwiec 2019, strony 661-676.

Meng Zhang, Jun Gu, Yu Liu.2019. Wykonalność inżynieryjna, opłacalność ekonomiczna i zrównoważenie środowiskowe odzyskiwania energii z podtlenku azotu w biologicznej oczyszczalni ścieków. Bioresource Technology, Tom 282, czerwiec 2019, str. 514-519.

E. M. A. Strain, R. L. Morris, M. J. Bishop, E. Tanner. 2019.Budowa niebieskiej infrastruktury: Assessing the key environmental issues and priority areas for ecological engineering initiatives in Australia's metropolitan embayments. Journal of Environmental Management, Volume 230, 15 January 2019, Pages 488-496.

Podręcznik inżynierii środowiska EPA. JR Boulding - 2019 - content.taylorfrancis.com. Cecil Cross, Science Applications International Corporation (SAIC), Cincinnati, OH.

Inżynieria środowiskowa jako narzędzie zmniejszania ryzyka produkcji przemysłowej w regionie. E Afanasieva, O Koreva, V Tikhii - Science and Engineering, 2019 - iopscience.iop.org.

Saeed Ghaffari, Nasser Talebbeydokhti.2013.Status edukacji w zakresie inżynierii środowiska w różnych krajach w porównaniu z sytuacją w Iranie. Procedia - Nauki społeczne i behawioralne, tom 102, 22 listopada 2013 r., s. 591-600.

Nguyen, D. Q., & Pudlowski, Z. J. Przegląd edukacji w zakresie inżynierii środowiska w ostatniej dekadzie: perspektywa globalna. 2nd WIETE Annual Conference on Engineering and Technology Education, Pattaya, Thailand. 2011.

Poszukiwanie globalnego modelu edukacji w zakresie inżynierii środowiska Duyen Q. Nguyen Monash University Melbourne, Australia. World Transactions on Engineering and Technology Education. 2002 UICEE Vol.1, No.1, 2002.

ENVIRONMENTAL ENGINEERING EDUCATION IN IRAN: NEEDS, PROBLEMS AND SOLUTIONS Mohammad Reza Alavi Moghaddam* , Reza Maknoun, Ahmad Tahershamsi. Environmental Engineering and Management Journal November/December 2008, Vol.7, No.6, 775-779 http://omicron.ch.tuiasi.ro/EEMJ/. "Gheorghe Asachi" Technical University of Iasi, Rumunia.

Edukacja w zakresie inżynierii środowiska w Ameryce Północnej P.L. Bishop Department of Civil and Environmental Engineering, University of Cincinnati, P.O. Box 210071, Cincinnati, OH 45221-0071, USA. Water Science and Technology Vol 41 No 2 pp 9-16 © IWA Publishing 2000.

Amjad Kallel, Zeynal Abiddin Erguler, et al. 2018. Recent advances in Geo-Environmental Engineering, Geomechanics and Geotechnics, and Geohazards. Proceedings of the 1st Springer conference of the Arabian Journal of Geosciences (CAJG-1) , Tunisia 2018.

Carmen Teodosiu a , Anton Friedl b , Krzysztof Urbaniec c,*.2014. Raport z konferencji Raport z konferencji 7. Międzynarodowa Konferencja Inżynierii

Środowiska i Zarządzania ICEEM07 . Spisy treści dostępne w ScienceDirect Journal of Cleaner Production. Journal of Cleaner Production 67 (2014) 291e292.

Rozdział 5: An Environmental Engineering Case Study Engineering Standards for Forensic Application, 2019, str. 69-75. Richard W. McLay, Joel A. Miele.

Hterojunkcje projektowe i inżynieryjne do fotoelektrochemicznego monitoringu zanieczyszczeń środowiska: Przegląd. Kataliza stosowana B: Środowiskowa, Tom 248, 5 lipca 2019 r., Strony 405-422. Lei Shi, Yu Yin, Lai-Chang Zhang, Shaobin Wang, Hongqi Sun.

Noor Ezlin Ahmad Basri, Shahrom Md. Zain, Othman Jaafar, Hassan Basri, Fatihah Suja.2012. Wprowadzenie do inżynierii środowiska: Podejście do nauki oparte na problemach w celu zwiększenia świadomości ekologicznej wśród studentów inżynierii lądowej i wodnej. Procedury - Nauki społeczne i behawioralne, tom 60, 17 października 2012 r., s. 36-41.

Odpady z recyklingu piasku odlewniczego jako trwałego materiału budowlanego do wypełniania i układania rur: Inżynieria i ocena środowiskowa. Zrównoważone miasta i społeczeństwo, tom 28, styczeń 2017, strony 343-349.

Carmen Teodosiu, Francesc Castells. 2017. Inżynieria i zarządzanie środowiskiem, Postępy i wyzwania dla zrównoważonego rozwoju: Wprowadzenie do ICEEM08. Bezpieczeństwo procesów i ochrona środowiska, tom 108, maj 2017, str. 1-6.

Asher Brenner, Mordechaj Shacham, Michael B. Cutlip. 2005. Zastosowania pakietów oprogramowania matematycznego do modelowania i symulacji w edukacji inżynierskiej w zakresie ochrony środowiska. Modelowanie i oprogramowanie środowiskowe, tom 20, wydanie 10, październik 2005, str. 1307-1313.

F. GutiéRrez-MartíN, M. F. Dahab. .1998. Zagadnienia zrównoważonego rozwoju i zapobiegania zanieczyszczeniom w edukacji w zakresie inżynierii środowiska. Water Science and Technology, Volume 38, Issue 11, 1998, str. 271-278.

Jozefina Drotarova, Monika Blistanova, 2015. Znaczenie i optymalizacja procesu edukacyjnego w zakresie zarządzania środowiskiem i inżynierii środowiska dla menedżerów bezpieczeństwa. Procedury - Nauki społeczne i behawioralne, tom 186, 13 maja 2015 r., str. 1050-1054.

Rao Bhamidimarri, Ken Butler. 1998. Edukacja w zakresie inżynierii środowiska w tysiącleciu: Zintegrowane podejście. Water Science and Technology, Volume 38, Issue 11, 1998, Pages 311-314.

Theo G. Schmitt, Peter A. Wilderer. 1996. Edukacja w zakresie inżynierii środowiska w Niemczech. Water Science and Technology, Volume 34, Issue 12, 1996, Pages 183-190.

Tsair-Fuh Lin, Veeriah Jegatheesan, Li Shu, Eldon Raj Rene. 2020. Challenges in Environmental Science/Engineering and Emerging Sustainable Practices for Future Water Conservation. Chemosfera, tom 238, styczeń 2020 r., artykuł 124591.

R. Van Der Vorst. 1994. Edukacja w zakresie inżynierii środowiska jako zagadnienie edukacji w zakresie kontroli. IFAC Proceedings Volumes, Volume 27, Issue 9, August 1994, Pages 65-68.

S. E. Mbuligwe . 2011. Różne opcje dla różnych potrzeb inżynierii zdrowia środowiskowego: Uzasadnienie, technologie i praktyki. Encyklopedia zdrowia środowiskowego, 2011, s. 147-157.

R. Liang, G. Hota. 2013. 16: Kompozyty z polimerów wzmocnionych włóknem szklanym (FRP) w zastosowaniach inżynierii środowiska. Developments in Fiber-Reinforced Polymer (FRP) Composites for Civil Engineering, 2013, Pages 410-468.

T. F. H Allen, M. Giampietro, A. M Little. 2003.Odróżnienie inżynierii ekologicznej od inżynierii środowiskowej. Inżynieria ekologiczna, tom 20, wydanie 5, październik 2003, str. 389-407.

VU̓gants E, Blumberga A, Ţjabs I, Timma L. Dynamika zastępowania technologii: przypadek dyfuzji ekoinnowacji. J Cleaner Production 2014; w ramach peer-review: 24 p.

Alan Manning.1992.Pragmatyczne możliwości oprzyrządowania i automatyzacji w ramach systemów inżynierii środowiska. ISA Transakcje, tom 31, wydanie 1, 1992, strony 9-15.

Rakesh Agrawal, Subhas K Sikdar. 2013. Energetyka i inżynieria środowiska. Current Opinion in Chemical Engineering, Volume 2, Issue 3, August 2013, Pages 271-272.

Marinus Otte. 2013. Wprowadzenie do inżynierii środowiska. Wskaźniki ekologiczne, tom 24, styczeń 2013, strona 82.

Vilas G Pol.2016. Przegląd redakcyjny: Energetyka i inżynieria środowiska: Nowoczesna efektywność energetyczna (E4). Current Opinion in Chemical Engineering, Volume 13, August 2016, Pages vii-viii.

Eugene P. Odum. 1994. Redakcja. Inżynieria ekologiczna i środowiskowa: Potencjał postępu. Inżynieria ekologiczna, Tom 3, wydanie 2, czerwiec 1994, str. 107-119.

B. J. Williams. 1995. Interfejsowe modele inżynierii środowiska z wykorzystaniem technik obiektowych. Environment International, Volume 21, Issue 5, 1995, Pages 753-756.

Wenqiang Sun, Xiandong Xu, Ziqiang Lv, Hujun Mao, Jianzhong Wu. 2019. Ocena oddziaływania na środowisko odprowadzania ścieków z wielozanieczyszczającymi substancjami z hutnictwa żelaza i stali. Journal of Environmental Management, Volume 245, 1 September 2019, Pages 210-215.

Lewis Clark. 1996. Rekultywacja wód gruntowych i podpowierzchniowych: Strategie badawcze dla technologii In-situ: Redakcja: Helmut Kobus, Baldur Barczewski i Hans-Peter Koschitsky. Environment Engineering Series, Springer-Verlag, 1996, ISBN 3-540-60916-4, 337 str. Cena DM 148,00. Zanieczyszczenie środowiska, Tom 94, wydanie 1, 1996, str. 101-102.

Printed by Books on Demand GmbH, Norderstedt / Germany